张 亮 编著

iOS

应用开发基础教程

U0235895

清华大学出版社

北京

内 容 简 介

本书基于 Swift 3 开发语言和 iOS 10.3 系统,系统地介绍 iOS 应用开发技术,所有的程序均在 Xcode 8.3 中开发完成。全书共 9 章,主要内容包括预备知识、Swift 语法、视图、控件、表格、导航、数据持久化、自动布局与屏幕适配以及其他主题。

本书可作为计算机专业及相关专业本科生的移动应用开发课程教材,也可作为 iOS 开发工程师和 iOS 开发爱好者的参考书籍。

图书在版编目(CIP)数据

iOS 应用开发基础教程/张亮编著. —北京:清华大学出版社,2018
ISBN 978-7-302-50752-9

Ⅰ. ①i…　Ⅱ. ①张…　Ⅲ. ①移动终端－应用程序－程序设计－教材　Ⅳ. ①TN929.53

中国版本图书馆 CIP 数据核字(2018)第 174652 号

责任编辑:张瑞庆　战晓雷
封面设计:常雪影
责任校对:李建庄
责任印制:董　瑾

出版发行:清华大学出版社
　　　　网　　　址:http://www.tup.com.cn,http://www.wqbook.com
　　　　地　　　址:北京清华大学学研大厦 A 座　　　邮　　编:100084
　　　　社 总 机:010-62770175　　　　　　　　　　邮　　购:010-62786544
　　　　投稿与读者服务:010-62776969,c-service@tup.tsinghua.edu.cn
　　　　质量反馈:010-62772015,zhiliang@tup.tsinghua.edu.cn
　　　　课件下载:http://www.tup.com.cn,010-62795954
印 装 者:三河市铭诚印务有限公司
经　　销:全国新华书店
开　　本:185mm×230mm　　　印　　张:17.25　　　字　　数:288 千字
版　　次:2018 年 10 月第 1 版　　　　　　　　　印　　次:2018 年 10 月第 1 次印刷
定　　价:49.00 元

产品编号:075220-01

前言

本书介绍了 iOS 应用开发中最重要和最基础的内容,摒弃了不适合初学者的冷僻知识点和高级应用开发技术,使第一次接触 iOS 应用开发的读者能够快速抓住重点,掌握精髓和主要框架。很多高校在 32 学时的教学课程中,不仅要讲解清楚开发语言 Swift,同时还要求学生对 iOS 应用开发有深入的理解,因此在教材内容组织上必然要进行精心的裁剪,只保留最基本、最重要的内容。编者秉承"授之以鱼不如授之以渔"的教学理念,通过本书引导学生自发、主动地学习知识,而不是单纯依靠老师在课堂上将知识点一一讲解清楚。实际上,这也是不可能做到的。苹果公司几乎每年都会更新 Swift、Xcode 以及 iOS 的版本,这就要求 iOS 应用开发人员必须掌握自学的能力。编者希望本书能够成为读者学习 iOS 应用开发的入门读物。

本书共分 9 章:

第 1 章为预备知识,介绍 Xcode 开发工具的主要特色,通过示例"HelloWorld!"带领读者创建一个简单的应用,并阐述 iOS 应用的生命周期。这部分内容将帮助读者对 iOS 应用开发建立基本概念。

第 2 章为 Swift 语法,介绍 Swift 语法中最基本的概念,包括基本数据类型、运算符与字符串、集合、控制流、函数与闭包、结构体与类、属性与方法、继承性以及构造与析构。由于本书的应用开发均采用 Swift 语言,因此,本章内容可以帮助不了解 Swift 语言的读者快速掌握它。

第 3 章为视图,介绍多层视图的概念、如何创建视图和视图控制器以及 MVC 设计模式的概念,最后通过实例综合运用相关的概念。

第 4 章为控件，介绍 5 个常用控件，分别为文本编辑框、文本编辑区、选择控件、进度显示控件和警告控制器。对于每个控件，在介绍其基本概念后，都通过实例帮助读者加深理解，增强动手能力。

第 5 章为表格，介绍表格视图和表格视图单元格的相关概念以及如何编辑和刷新表格视图。本章的实例随着新概念的出现，在原有功能的基础上进行了 3 次功能扩展。

第 6 章为导航，介绍标签栏导航、分页控制器、导航控制器以及树状导航，每一节内容都通过一个实例来讲解。

第 7 章为数据持久化，介绍 3 种不同类型的数据持久化方式，即对象归档、属性列表序列化以及 CoreData，并用这 3 种数据持久化方式对同一个例子进行改写，使读者在比较中更好地理解 3 种方式的优缺点。

第 8 章为自动布局与屏幕适配，介绍约束布局、堆视图布局以及屏幕适配的相关概念。

第 9 章为其他主题，介绍如何进行项目的调试、国际化与本地化以及应用发布的相关内容。

由于编者水平有限，书中肯定有不足之处，敬请使用本书的教师和学生及广大读者批评指正。

编　者

2018 年 5 月

目 录

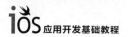

第 9 章　其他主题 / 245

第 1 章
预 备 知 识

在学习 iOS 应用开发的相关技术前,需要先掌握一些预备知识,包括 Xcode 集成开发环境、最简单的 iOS 应用示例"Hello World!"的开发过程以及 iOS 应用的生命周期。

1.1 Xcode

1. Xcode 集成开发环境

Xcode 是苹果公司发布的集成开发环境,可以在 Xcode 上开发 iPad、iPhone、Apple Watch 和 Mac 上的应用软件。Xcode 提供了一整套开发工具支持从应用创建到产品测试,再到系统优化,最后到产品发布的全生命周期的开发。

如图 1-1 所示,Xcode 在一个用户开发界面中集成了代码编辑器、用户界面设计、测试、调试等工具。用户可以根据自己的使用习惯和常用的功能自定义 Xcode 开发界面。

Xcode 提供了源代码辅助编辑功能,它不仅能对输入的源代码进行即时的语法和逻辑检查,提示错误,甚至提供修复错误的方案,而且能根据少量的输入联想可能的后续输入选项,开发者只输入很少的几个字母就可以完成一段完整代码。

Xcode 的界面编辑器是一个可视化的编辑器,它提供了一个控件库供开发者直接使用。通过组合各种视窗和控件可以快速搭建基于 iOS、watchOS、OS X 系统的应用

图 1-1　Xcode 用户开发界面

软件界面。特别值得一提的是，Xcode 中 storyboard 技术使开发者从繁杂的界面设计工作中解放出来，为开发者完成了大部分界面设置和跳转工作，开发者可以更专注于业务流程的设计和代码的编写。

自动布局是 Xcode 的另一个重要特性。开发者可以定义界面元素的约束集，从而使开发出来的界面可以适应各种屏幕尺寸和屏幕的不同显示方向。

Xcode 提供了强大的应用调试功能，不仅可以在模拟器上进行调试，也可以和硬件外设连接进行调试，对于开发人员来说两者没有任何差别。

另外，Xcode 还提供了测试框架，帮助开发者快速建立功能测试、性能测试以及用户界面测试模块，使测试过程非常方便。

在编写代码的时候，开发者常常会去查阅官方文档。在 Xcode 中集成了各种详细的官方技术文档，在 Xcode 开发环境中可以很方便地通过快速帮助找到需要了解的技术内容。

2．运行 Xcode

Xcode 是免费软件，它运行在 Mac OS X 操作系统上。要下载和运行 Xcode，首先需要有一台安装了 Mac OS X 的计算机，然后可以通过 App Store 下载 Xcode。如图 1-2 所示，输入关键字 Xcode，单击搜索按钮 🔍 即可。

图 1-2　搜索 Xcode

如图 1-3 所示，在搜索结果中找到 Xcode，单击 GET 按钮，然后单击 INSTALL APP 按钮即可，本书安装的是 Xcode 7。

如图 1-4 所示，如果想要卸载 Xcode，只需要到 Launchpad 中找到 Xcode，然后直接拖入垃圾桶即可。

安装好 Xcode 后，打开 Xcode，如图 1-5 所示。标示为 1 的区域为工具栏，提供了最主要的操作快捷键。标示为 2 的区域为导航区，用来选择工作空间中的内容来显示。标示为 3 的区域为编辑区。如果在导航区选择的是一个源代码文件，则为代码编

图 1-3　下载 Xcode

图 1-4　卸载 Xcode

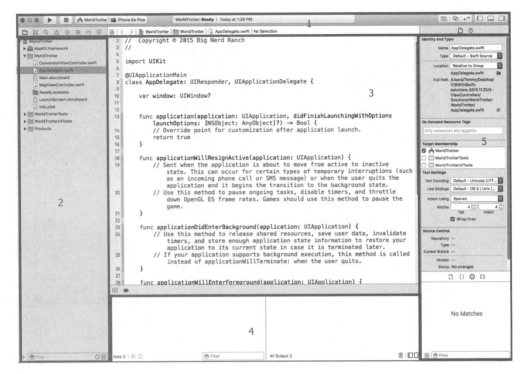

图 1-5 Xcode 界面分区

辑区;如果在导航区选择的是一个界面文件,则为界面编辑区。标示为 4 的区域为调试信息和系统输出信息显示窗口。标示为 5 的区域为控件区,在这个区域可以进行各种属性的设置,也可以选择图形元素并拖放到界面编辑区。

3．playground

在 Xcode 中编写代码有两种方式:一种是通过建立工程来编写各种源文件,目的是发布一个应用;另一种是建立一个在 playground 中运行的文件,开发者可以用它来学习语法和尝试代码的各种运行结果和效果。本书以讲解 Swift 语法为主,所以 playground 是最理想的编写代码和调试的工具,本书后面章节中的程序大部分都运行于 playground 环境。通过这种方式,可以让读者更加专注于学习 Swift 语法本身,而不用考虑创建工程的复杂过程。

下面,先介绍怎么创建一个 playground 文件。首先,打开 Xcode,在启动页面中选择 Get started with a playground,如图 1-6 所示。

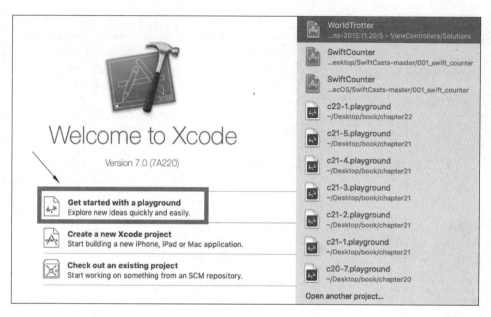

图 1-6　创建 playground 文件

　　如图 1-7 所示,在弹出的对话框中输入文件的名字和运行的平台,默认名称为
MyPlayground,默认平台为 iOS,单击 Next 按钮。

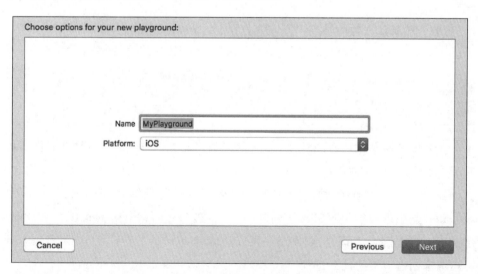

图 1-7　playground 文件选项

如图 1-8 所示,选择源代码保存的位置,这里选择默认位置,单击 Create 按钮,在默认位置创建新文件。

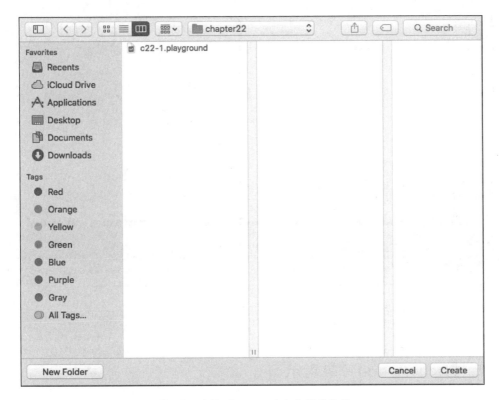

图 1-8　选择 playground 文件保存位置

如图 1-9 所示,为 playground 文件编辑页面,默认会有一行代码,开发者在编写自己的代码时可以将其删除。在图 1-9 中,标示为 1 的区域为代码输入区,可以将要试验的代码写在这个区域。标示为 2 的区域为系统同步输出区,当写完一行代码时,系统就会自动运行,并将运行结果同步显示在对应的代码右侧。例如,在图 1-9 中,将字符串"Hello,playground"赋给变量 str,就会在这个代码行的右侧显示 str 的值。标示为 3 的区域为调试信息区,这个区域是标准的系统输出区,例如打印一个字符串,就会显示在这个区域。标示为 4 的区域为屏幕各种显示方式的快捷切换按钮。

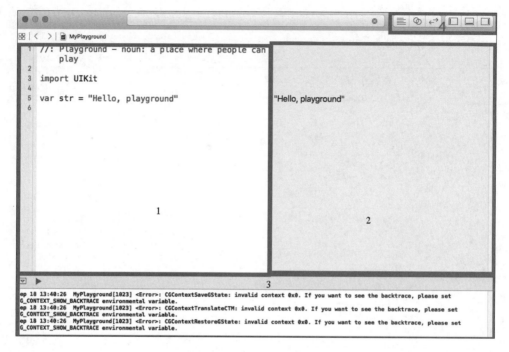

图 1-9　playground 界面分区

1.2　"Hello World!"应用示例

所有的苹果应用项目都是从创建一个工程开始的。如图 1-10 所示,在启动页面中,这次选择 Create a new Xcode project。

如图 1-11 所示,进入新项目的模板选择页面。这个页面中列出了所有苹果应用的开发模板。开发模板分为 4 类: iOS、watchOS、tvOS 和 Cross-platform。在 iOS 类中主要是手机应用模板。在 watchOS 类中为苹果手表的应用模板。在 tvOS 类中为苹果电视应用模板。在 Cross-platform 类中为跨平台应用模板。其中,iOS 类的模板又分为应用模板和框架及库模板。这里选择 Application,右边会同步显示Application 中的模板,具体有主从应用模板(Master-Detail Application)、基于页面模板(Page-Based Application)、单视窗模板(Single View Application)、多视图切换模板(Tabbed Application)。在这里,选择最简单的 Single View Application,然后单击Next 按钮。

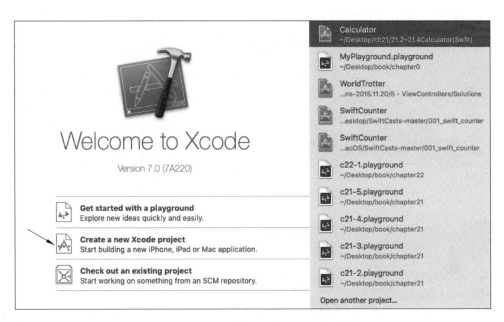

图 1-10　创建一个 Xcode 项目

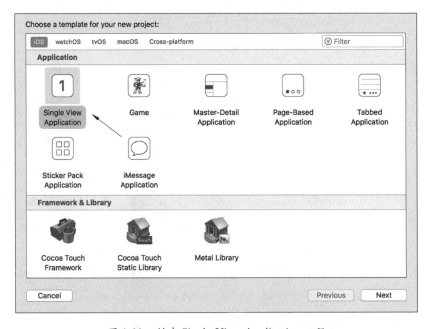

图 1-11　创建 Single View Application 工程

如图 1-12 所示,在项目信息输入页面中,需要填写项目名称(Product Name),这里填写 HelloWorld。还需要填写组织名(Organization Name)、组织标识(Organization Identifier)、捆绑标识符(Bundle Identifier,由产品名加上公司名构成)、开发语言(Language,这里选择 Swift)、设备(Devices,这里选择 iPhone)。设置完成后,单击 Next 按钮。

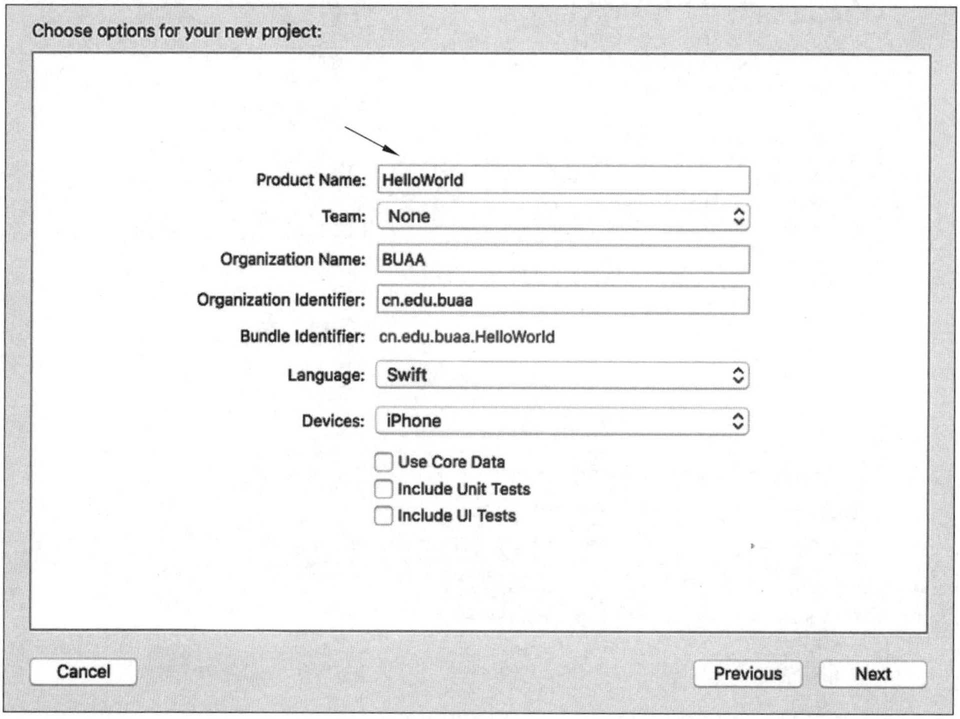

图 1-12　项目信息输入页面

如图 1-13 所示,在弹出的界面中选择项目的保存位置。建议读者创建一个文件夹,将项目相关的文件放在这个文件夹里面,这样便于日后管理。然后单击 Create 按钮。

如图 1-14 所示,至此就成功地创建了一个项目,可以看到系统自动生成了一些通用的文件,主要包括 AppDelegate. swift、ViewController. swift、Main. storyboard、Assets. xcassets、LaunchScreen. storyboard、Info. plist。

AppDelegate. swift 的代码如下:

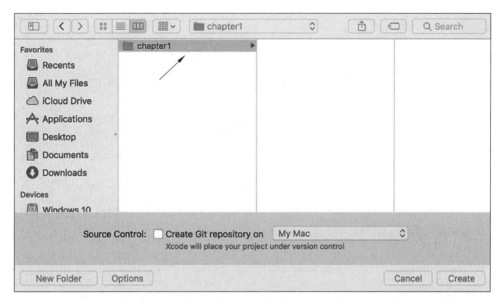

图 1-13　选择项目保存位置

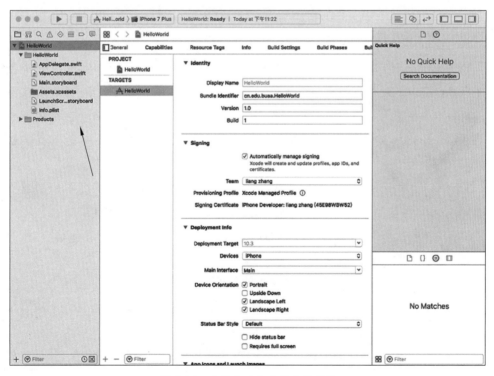

图 1-14　系统自动生成的文件列表

```
import UIKit
  @UIApplicationMain
class AppDelegate: UIResponder, UIApplicationDelegate {
  var window: UIWindow?
  func application(application: UIApplication, didFinishLaunchingWithOptions
launchOptions: [NSObject: AnyObject]?) -> Bool {
  return true
    }
  func applicationWillResignActive(application: UIApplication) {
    }
  func applicationDidEnterBackground(application: UIApplication) {
    }
  func applicationWillEnterForeground(application: UIApplication) {
    }
  func applicationDidBecomeActive(application: UIApplication) {
    }
  func applicationWillTerminate(application: UIApplication) {
    }
}
```

从上面的代码中可以看出,AppDelegate. swift 定义了应用程序委托对象,它继承了 UIResponder 类,并实现了 UIApplicationDelegate 委托协议。UIResponder 类使其子类 AppDelegate 具有处理相关事件的能力。UIApplicationDelegate 委托协议则使 AppDelegate 成为应用程序委托对象,从而能够响应应用程序的各个生命周期行为。AppDeleagate 类继承的一系列方法在应用程序生命周期的不同阶段都会被回调。

ViewController. swift 中定义了 ViewController 类,该类继承了视图控制器类 UIViewController。ViewController 类作为根视图,主要负责用户事件控制。

Main. storyboard 是系统默认建立的故事板文件,包括了主要的界面部分,所有的界面工作将在故事板中展开。

Assets. xcassets 是专门用来管理图片的文件夹。

LaunchScreen. storyboard 是系统创建的应用启动时的加载页面,是一个故事板文件。

Info. plist 是工程属性的描述性配置文件,如果要设置或修改工程的某些属性,可以直接编辑这个文件。

如图 1-15 所示，选中 Main. storyboard，可以看到界面编辑页面出现在中间的编辑区。箭头标示的地方显示 wAny hAny。假定是在 iPhone 6 Plus 上使用，应该将其设置为 wCompact hRegular，即，宽度尺寸紧凑，高度尺寸正常，通过鼠标将矩形框调整为如图 1-16 所示即可。

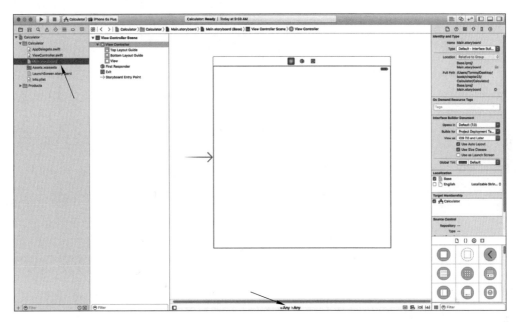

图 1-15　故事板页面

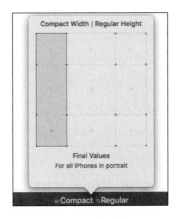

图 1-16　屏幕尺寸适配

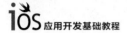

这里使用了屏幕适配技术,官方文档称其为 Size Class。在本工程中,默认已经开启了 Size Class 功能。如果没有开启该功能,需要选择 Use Size Classes 复选框,如图 1-17 所示。

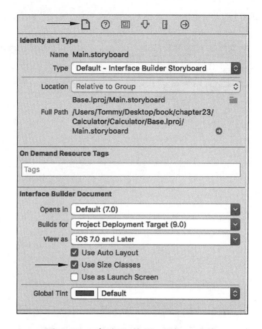

图 1-17　手动开启 Size Class 功能

Size Class 由 9 个方格组成,一共可以组合成 9 种布局方案,用来满足各种苹果设备的屏幕适配问题。这 9 个方案是通过两个维度的尺寸值的组合形成的,这两个维度为宽度(w)和高度(h)。9 个布局方案如下。

- wCompact hCompact:用于 iPhone(3.5in、4in、4.7in 屏幕)横屏的情况。
- wAny hCompact:用于 iPhone(所有尺寸)横屏的情况。
- wRegular hCompact:用于 iPhone(5.5in 屏幕)横屏的情况。
- wCompact hAny:用于 iPhone(3.5in、4in、4.7in 屏幕)竖屏的情况。
- wAny hAny:用于所有情况。
- wRegular hAny:用于 iPad 横屏和竖屏的情况。
- wCompact hRegular:用于 iPhone(所有尺寸)竖屏的情况。
- wAny hRegular:用于 iPhone(所有尺寸)竖屏以及 iPad 横屏和竖屏的情况。
- wRegular hRegular:用于 iPad 横屏和竖屏的情况。

调整 Size Class 为 wCompact hRegular 后的界面如图 1-18 所示，可以看到界面已经变成了一个矩形，形状和 iPhone 手机相似。

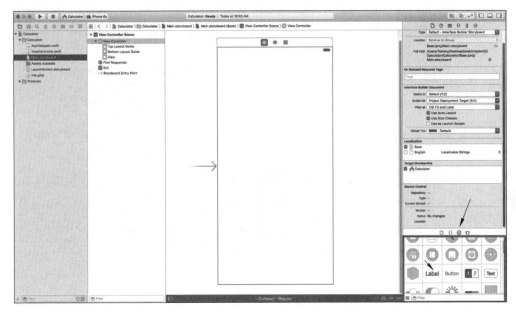

图 1-18　对象库

如图 1-18 所示，在 Xcode 中的右下角位置，选中对象库按钮，打开对象库，会看到一些可视化控件。选中文本标签控件 Label，并将其拖曳到中间的设计界面中，将其摆放在居中的位置。移动控件的时候，会出现蓝色虚线，帮助开发者将控件摆放到准确的位置。

如图 1-19 所示，摆放好 Label 控件后，通过鼠标选中控件的边缘，然后拖动边缘调整其大小。这里将原始的控件放大一些。选中 Label，在界面右上角的导航部分选中属性观察器，会发现打开了如图 1-19 所示的属性表单。在这个表单中，可以设置 Label 与显示相关的所有属性。这里只调整几个属性：Text 设置为 It is calculator，Color 通过下拉列表选中蓝色，Font 设置为 System 30，Alignment 选中。

设置完成后，就可以运行程序了。单击 Xcode 界面左上角的运行按钮，就会启动模拟器（Simulator），然后打开一个模拟 iPhone 6 Plus 手机的页面。

可以发现运行结果未能完整地显示整个模拟手机界面。为了能够完整地显示，可以在 Simulator 中设置显示比例。在 Simulator 的菜单栏中选择 Window→Scale 命

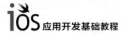

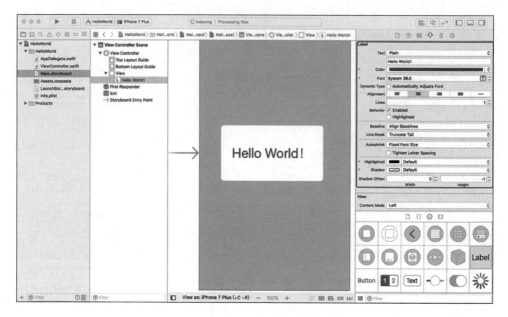

图 1-19　设置 Label 属性

令,在子菜单中选择合适的缩放比例,这里选择 50%。然后重新运行程序,发现整个手机界面都可以显示了,如图 1-20 所示。

图 1-20　调整显示比例后的效果

1.3　应用的生命周期

苹果 iOS 应用总是处于以下 5 个状态之一：Not running（未运行）、Inactive（未激活）、Background（后台运行）、Active（激活）、Suspended（被挂起）。系统负责根据外界动作将应用从一个状态切换到另一个状态。例如，当用户按下 Home 键时，或者有一个电话打进来，当前正在执行的应用的状态将会被改变。图 1-21 显示了苹果 iOS 应用在这 5 个状态之间切换的路径。如果应用还没有被启动或者被启动后又被系统终结了，那么此时就处于 Not running 状态。如果应用正在前台运行，当前没有接收到任何事件，那么应用会短暂地处于 Inactive 状态，该状态不能处理系统事件。当应用启动完毕后，即进入 Active 状态，可以处理各种事件。这个状态是前台应用的最常见状态。应用会根据用户的操作情况在 Active 和 Inactive 之间切换。当应用处于 Inactive 状态时，如果长时间未被激活，会转入 Background 状态。应用进入此状态后依然可以执行代码，当执行完毕后将进入 Suspended 状态。大部分应用进入 Background 状态后很快就会转到 Suspended 状态。处于 Suspended 状态时，应用不能执行代码。当系统内存紧张时，会将应用结束，并进入 Not running 状态。

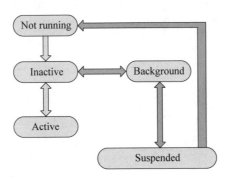

图 1-21　应用运行状态之间的切换

通过应用中的代理委托机制，大部分状态转移发生时都会调用应用中的相关处理方法。通过这些方法，开发者可以对应用的状态变化进行适当处理。下面列出了相关的方法。

application:willFinishLaunchingWithOptions：该方法在应用启动的时候执行。

application:didFinishLaunchingWithOptions：该方法在应用即将呈现给用户时

执行，可以在该方法中进行最后的初始化工作。

applicationDidBecomeActive：该方法在应用即将变为前台的 Active 状态时执行。

applicationWillResignActive：该方法在应用从前台的 Active 状态转入 Inactive 状态时执行。

applicationDidEnterBackground：该方法在应用已经进入后台，即处于 Background 状态时执行，该状态随时有可能进入 Suspended 状态。

applicationWillEnterForeground：该方法在应用从后台转入前台，也就是从 Background 状态进入 Inactive 状态时执行。

applicationWillTerminate：该方法在应用即将被中止（即进入 Not running 状态）时执行。如果应用被挂起（即 Suspended 状态），该方法不会被调用。

第 2 章
Swift 语法

Swift 语言是苹果公司官方推荐使用的 iOS 应用快速开发语言，本书中所有的应用都是基于 Swift 语言的。限于篇幅，本章只对 Swift 的主要语法和特点进行介绍，而不作深入讨论。如果读者需要全面掌握 Swift 语言，建议参阅本书作者编写的《Swift 应用开发教程》（由清华大学出版社出版）。

2.1 基本数据类型

Swift 语言是一种类型安全的语言。它是基于 C 和 Objective-C 的，所以在语法上与 C、Objective-C 接近。Swift 可以用来开发基于 iOS、OS X、watchOS、tvOS 的应用。

Swift 的大部分基本数据类型和 C、Objective-C 类似，包括整形（Int）、浮点型（Double 和 Float）、布尔型（Bool）、字符串型（String）、数组型（Array）和字典型（Dictionary）。Swift 还有两个特殊的数据类型：元组型（Tuple）、可选型（Optional）。

1. 常量和变量

常量有常量名以及与其对应的特定类型的值，在程序运行过程中，常量的值不会发生改变。

常量的定义格式为

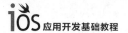
```
let constantName=value
```

变量有变量名以及与其对应的特定类型的值,在程序运行过程中,变量的值可以发生改变。

变量的定义格式为

```
var variableName=value
```

在命名常量和变量时,除了不能包含数学符号、箭头、保留的 Unicode 码位、连字符和制表符以及不能以数字开头以外,没有其他任何限制。

在定义常量或变量的时候,可以加上类型声明,告诉编译器在常量或变量中要存储的值的类型。

常量和变量的类型声明格式为

```
let constantName: type
var variableName: type
```

一般来说,很少在定义常量或变量的时候声明其类型,编译器可以在第一次为常量或变量赋值的时候推断出其类型。

常量或者变量在声明时如果确定了类型,就不能改变。常量与变量之间不能互相转换。也就是说,常量不能变为变量,变量也不能变为常量。常量的值一旦确定就不能改变,而变量的值可以改变为同类型的其他值。

在 Swift 中有两种形式的注释,分别为以双斜杠(//)为起始的单行注释和以斜杠加星号(/ *)起始、星号加斜杠(* /)终止的多行注释。

在编写 Swift 程序时,写完一行语句后,不需要加分号作为结束标识,可以直接回车并开始写第二行语句。当要在一行中输入多条语句时,可以使用逗号分隔语句。

Swift 是一个类型安全的语言,编译器在编译代码的时候会进行类型检查,并将类型不匹配的语句用报错的方式提示给程序员。在声明常量和变量时,如果没有显式指定数据类型,Swift 就会根据对其的赋值来进行类型推测。由于 Swift 语言具有类型推测能力,所以其代码要比 C 和 Objective-C 简洁。

2. 整型和浮点型

整型就是用来表示整数的类型,可以是有符号整型,也可以是无符号整型。Swift

中有多种长度的整型,如 Int8、Int16、Int32、Int64 分别表示位长为 8、16、32、64 位的有符号整型。Swift 中同样也有不同位长的无符号整型,分别为 UInt8、UInt16、UInt32、UInt64。

虽然 Swift 提供了这么多种整型,但在实际开发中常用的是 Int,它的位长取决于运行程序的平台的字长。例如,在 64 位的平台上运行 Swift 程序,那么程序中的 Int 就是 Int64;而在 32 位的平台上,Int 就是 Int32。在编程时使用 Int 不仅灵活,而且可以提高代码的一致性和可复用性。

浮点型就是用来表示带有小数部分的数的类型。Swift 中提供了两种浮点型:Float 和 Double。Float 为 32 位浮点型,一般在对精度要求不高的情况下使用。Double 为 64 位浮点型,也称双精度浮点型,用于描述精度要求高的浮点数。

3．布尔型

布尔型用来描述逻辑上的真或假。在 Swift 中布尔型用关键字 Bool 来表示,它有两个值,分别用关键字 true 和 false 来表示。在声明布尔型常量或者变量时,既可以用显式的方式,也可以用直接赋值的方式。通过直接赋值,编译器可以根据类型推测来得到其数据类型。

布尔型主要用于判断语句中,用来控制程序根据不同的条件执行不同的分支。

4．元组型

元组型就是由多个类型组成的复合类型,其中的每一个类型可以是任意类型,而不要求是相同的类型。例如,可以创建一个类型为(Int,String)的元组,也可以创建一个类型为(Bool,Int,String)的元组。

那么如何分别读取元组中不同类型的值呢?

下面介绍 3 种方法:

(1) 将元组的值赋值给另一个元组。

(2) 通过下标来访问元组中的特定元素,下标从 0 开始,自左向右分别表示不同的元素。

(3) 在定义元组的时候给每个元素命名。在读取元组的时候,就可以通过这些元素的名字来获取元素的值。

元组在实际应用中是非常有用的一种数据类型,它可以作为函数的返回值来使用,大大增强了返回信息的可读性,使用起来非常方便。但是,元组并不适合用来创建复杂的数据结构,特别是长期使用的数据类型,这种情况下应该使用结构体或类来描述。

5. 可选型

可选型用来表示一个变量或常量可能有值或没有值的情况。如图 2-1 所示,代码中定义了 3 组变量。其中,给 str1 和 str2 分别赋值为字符串"85"、"86",通过 Int 的 init 函数将其转化为整数,然后再打印出来。直接打印 num1 的时候,系统显示 Optional(85),表示系统判断 num1 的类型为可选型,即"Int?",可能为整型或 nil。当确定一个可选型变量有值的时候,在变量后附加一个"!"(感叹号)进行强制解析,如第 11 行所示的"num2!"。当一个可选型变量值为 nil 的时候,系统会直接输出 nil。例如,在第 13 行中,str3 赋值为一个字符串,字符串是不能转化为整型的,所以 num3 的值为 nil。在本例中,num1、num2、num3 的类型都是可选型"Int?"。

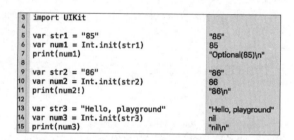

图 2-1 可选型实例

声明一个可选型的常量或者变量的格式为

```
let constantName: Type?
var variableName: Type?
```

例如,声明一个整型变量 num4 和一个字符串型变量 str4,代码如图 2-2 所示,这两个可选型变量在没有被赋值之前,系统会默认分配一个 nil 值。

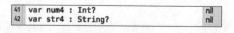

图 2-2 可选型默认值

对于可选型,一般有两种用法。

第一种就是 if 语句加强制解析,即用 if 语句通过比较可选型和 nil 的值是否不相等(!=)来判断可选型是否有值。如果有值,则判断结果为 true;如果没有值,则判断结果为 false。对于有值的情况,可以通过"!"来强制解析,从而获得可选型的值。可选型强制解析实例如图 2-3 所示。

```
17  if (num1 != nil) {
18      print(num1!)                                    "85\n"
19  } else {
20      print("There is no value of num1")
21  }
22
23  if (num3 != nil) {
24      print(num1)
25  } else {
26      print("There is no value of num3")   "There is no value of num3\n"
27  }
```

图 2-3　可选型强制解析实例

第二种用法是在 if 或 while 的条件判断语句中把可选型的值赋给一个临时变量(或常量)。如果可选型有值,则这条赋值语句的值为 true,同时该临时变量将获取可选型的值;如果可选型的值为 nil,则这条赋值语句的值为 false,可在此分支输入相应的处理语句。格式如下:

```
if let constantName=optionalName {
    statements
}
```

如图 2-4 所示,可选型 num1 和 num3 的值分别为 85 和 nil,通过条件判断语句执行不同的分支。这里,通过赋值语句将可选型的值赋给 number,number 的类型为 Int,不需要强制解析,可直接使用。

```
29  if let number = num1 {
30      print("The value of num1 is \        "The value of num1 is 85\n"
            (number)")
31  } else {
32      print("num1 is nil")
33  }
34
35  if let number = num3 {
36      print("The value of num1 is \
            (number)")
37  } else {
38      print("num3 is nil")                  "num3 is nil\n"
39  }
```

图 2-4　直接使用可选型实例

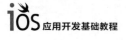

可选型常量或者变量在第一次赋值以后，就可以确定它之后一直有值，这种情况称为隐式解析可选型。

隐式解析可选型可以当作非可选型使用，不需要使用强制解析来获取值。如图 2-5 所示，将隐式解析可选型当作非可选型来使用时，只需要在声明的时候在类型的后面加上"！"。如果一个变量的值在使用过程中有可能为 nil，应该将其声明为普通可选型，而不是隐式解析可选型。因为隐式解析可选型的变量是一直都有非 nil 值的。

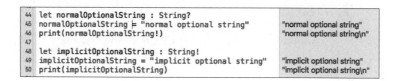

图 2-5　隐式解析可选型实例

2.2　运算符与字符串

运算符是一种特殊的符号。通过运算符，可以对变量或常量的值进行操作，包括值的检查、值的改变及值的合并。本节介绍赋值运算符、算术运算符、关系运算符、逻辑运算符、三元条件运算符、区间运算符和字符串操作运算符。

1. 赋值运算符

赋值运算符＝用来初始化或者更新一个变量的值。

元组也可以通过赋值运算符对其中的所有元素一次性赋值。

2. 算术运算符

Swift 中所有的数值类型都支持最基本的四则运算：加（＋）、减（－）、乘（＊）、除（/）。

求余运算符％也称取模运算，用于计算两个数相除后的余数。Swift 支持整型和浮点型的求余运算。

　　自增运算符＋＋和自减运算符－－是一种对变量本身加 1 或减 1 的运算符,操作对象可以是整型或者浮点型。这里需要注意的是前置自增或自减与后置自增或自减的区别。前置自增或自减是先对变量的值进行自增或自减,再返回结果;而后置的自增或自减是先返回变量的值,再自增或自减变量的值。

3．关系运算符

　　关系运算符就是用来比较两个值之间的关系的运算符,比较的结果为一个布尔值,即 true 或者 false。关系运算符包括等于运算符＝＝、不等于运算符!＝、大于运算符＞、小于运算符＜、大于或等于运算符＞＝、小于或等于运算符＜＝。

　　关系运算符的运算结果为布尔值,所以关系运算符非常适合用于条件语句中。

4．逻辑运算符

　　逻辑运算符包括与运算符 &&、或运算符||、非运算符!,操作数为布尔型。

　　逻辑非运算是一元运算符,即操作数为 1 个,其真值表如表 2-1 所示。

表 2-1　逻辑非运算真值表

a	$!a$
true	false
false	true

　　逻辑与运算符是二元运算符,操作数为 2 个,其真值表如表 2-2 所示。

表 2-2　逻辑与运算真值表

a	b	$a\&\&b$
true	true	true
true	false	false
false	true	false
false	false	false

　　逻辑或运算符是二元运算符,操作数为 2 个,其真值表如表 2-3 所示。

表 2-3　逻辑或运算真值表

a	b	a||b
true	true	true
true	false	true
false	true	true
false	false	false

5. 三元条件运算符

三元条件运算符,顾名思义,就是有 3 个操作数,格式为

```
question?answer1:answer2
```

其语义为:如果 question 为 true,则返回 answer1;否则,返回 answer2。

实际上,三元条件运算符是一种简写形式,其语义与下面的 if 语句是等价的:

```
if question {
    answer1
} else {
    answer2
}
```

图 2-6 中的代码第 8 行使用了三元条件运算符,代码中定义了 3 个常量 pageHeight、contentHeight、bottomHeight,分别表示页面高度、正文内容高度、底部栏高度,还定义了一个布尔型变量 hasHeader 用来表示页面中是否要包含一个头部栏。页面高度由正文内容高度、底部栏高度和头部栏高度相加得到。其中,如果 hasHeader 为 true,头部栏高度为 30,否则高度为 10。

```
5  let contentHeight = 100                                                    100
6  let bottomHeight = 20                                                      20
7  var hasHeader = true                                                       true
8  let pageHeight = contentHeight + bottomHeight + (hasHeader ? 30 : 10)      150
```

图 2-6　三元条件运算符

三元条件运算符可以简洁地表示有条件的二选一的语义,但是其缺点是可读性较差,因此在表达复杂的组合逻辑的时候应尽量少使用。

6. 区间运算符

除了三元条件运算符,Swift 还提供了一种简洁的区间运算符,包括闭区间运算符和半闭区间运算符。

闭区间运算符为"...",例如 a...b 表示一个从 a 到 b 的所有值的区间(包括 a 和 b)。闭区间运算符在循环语句中使用起来非常方便。如图 2-7 所示,在 for-in 循环中,变量 i 取 0～3 区间的值,一共有 4 个值:0,1,2,3,所以循环执行了 4 次。

半闭区间运算符 a..<b 表示一个从 a 到 b 的所有值的区间(包括 a,但不包括 b)。如图 2-8 所示,在 for-in 循环中,变量 i 取值为 0,1,2,所以循环执行了 3 次。

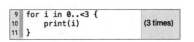

图 2-7　闭区间运算符　　　　　　　　　图 2-8　半闭区间运算符

7. 字符串操作

字符串是一组有序字符的集合,在 Swift 中字符串用 String 类型来表示,或者用 Character 类型的集合来表示。字符串的初始化非常简便,对其进行操作也非常方便。下面介绍最常用的字符串操作。

在构建一个很长的字符串时,常常以一个空字符串作为初始值,逐步增加字符串长度。

在 Swift 中,字符串类型(String)是值类型。也就是说,在进行字符串常量或者变量的赋值操作时,复制的是字符串的值,而不是字符串的指针。因此,用来赋值的字符串变量的值不会因为被赋值的字符串变量的值改变而改变。

下面介绍几个非常实用的字符串操作方法。

如果要取出字符串中的字符,可以通过 for-in 循环来遍历字符串的 characters 属性,从而获得字串符中的每一个字符,如图 2-9 所示。

计算字符数量的方法如图 2-10 所示。

字符串和字符都可以通过加法运算符＋连接,从而得到一个新的字符串,如图 2-11 所示。

Swift 还提供了在字符串中插值的方式,通过这种方式可以将常量、变量等插入

```
3   import UIKit
4
5   for charInString in "Hello, world!".characters {
6       print(charInString)                              (13 times)
7   }
```

```
H
e
l
l
o
,

w
o
r
l
d
!
```

图 2-9　通过遍历字符串的 characters 属性来获得字符

```
5    var str = "Hello, world!"                    "Hello, world!"
6    for charInString in str.characters {
7        print(charInString)                      (13 times)
8    }
9
10   let countString = str.characters.count       13
```

图 2-10　计算字符数量

```
12   var str1 = "Hello"                                    "Hello"
13   var str2 = "world"                                    "world"
14   var character1 = ","                                  ","
15   var character2 = "!"                                  "!"
16
17   let newString = str1 + character1 + str2 + character2   "Hello,world!"
```

图 2-11　字符串和字符的连接

字符串中，具体格式为：\(constantName or variableName)，如图 2-12 所示，整型常量 insertedNum 的值被插入字符串 insertString 中。

```
19   let insertedNum = 888                                888
20
21   let insertString = "The number \(insertedNum)       "The number 888 is inserted into this string!"
         is inserted into this string!"
```

图 2-12　字符串插值

Swift 提供了 uppercaseString 和 lowercaseString 两个属性来保存一个字符串的大写和小写版本，如图 2-13 所示。

```
29   let theString = "It's my world!"                          "It's my world!"
30   print("the uppercaseString is \(theString.               "the uppercaseString is IT'S MY WORLD!\n"
         uppercaseString)")
31   print("the lowercaseString is \(theString.               "the lowercaseString is it's my world!\n"
         lowercaseString)")
```

图 2-13　字符串的大写和小写属性

在 Swift 中,可以从 3 个维度来比较字符串,即字符串相等、字符串前缀相等以及字符串后缀相等。

如果两个字符串中的字符完全相同并且以相同顺序出现,则两个字符串相等,如图 2-14 所示。

```
23  var compareStr1 = "It is compare string."      "It is compare string."
24  var compareStr2 = "It is compare string."      "It is compare string."
25  if compareStr1 == compareStr2 {
26          print("they are equal!")               "they are equal!\n"
27  }
```

图 2-14　字符串相等

2.3　集合

Swift 中有 3 种常用的集合类型:数组、集合和字典。

数组是一种按照顺序来存储相同类型数据的集合,相同的值可以多次出现在一个数组中的不同位置。而集合和字典类型也是存储了相同类型数据的集合,但是都是无序的。集合不允许有相同的值。字典中的值可以重复出现,但是每一个值都有唯一的键值与其对应。下面分别详细介绍。

1. 数组

Swift 数组是类型安全的,数组中包含的数据类型必须是明确的。数组的声明格式为 Array<DataType>或者 [DataType],一般采用后一种比较简洁的方式。

如图 2-15 所示,可以从定义一个空数组开始,逐步向数组中添加元素。这里用到了数组类型的两个函数:isEmpty 和 append。isEmpty 用来判断数组是否为空。append 用来向数组的末端添加一个元素。本例中,animalArray 数组为字符串型数据,其中的每一个元素都是字符串型。首先创建一个空的字符串数组,然后通过 isEmpty 判断数组是否为空,再通过 append 添加新的元素到数组中。

```
var animalArray = [String]()              []
if animalArray.isEmpty {
        print("animalArray is empty!")    "animalArray is empty!\n"
}
animalArray.append("tiger")               ["tiger"]
animalArray.append("lion")                ["tiger", "lion"]
```

图 2-15　isEmpty 函数和 append 函数

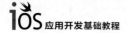

也可以在声明数组的时候直接初始化。如图 2-16 所示，首先，通过 Array <DataType> 的格式定义了一个整型数组 oneBitNumberArray，然后直接赋初始值。其次，又通过［DataType］的格式定义了两个字符串型数组 botanyArray1 和 botanyArray2，然后赋同样的初始值。最后，调用数组类型自带的函数 count 得到数组长度（即数组所含元素的个数）。

```
var oneBitNumberArray : Array<Int> =      [0, 1, 2, 3, 4, 5, 6, 7, 8, 9]
    [0,1,2,3,4,5,6,7,8,9]
var botanyArray1 : [String] =              ["rosemary", "parsley", "sage", "thyme"]
    ["rosemary","parsley","sage","thy
    me"]
var botanyArray2 =                         ["rosemary", "parsley", "sage", "thyme"]
    ["rosemary","parsley","sage","thy
    me"]
print("There are \                         "There are 4 kinds of botany.\n"
    (botanyArray1.count) kinds of
    botany.")
```

图 2-16　数组初始化

还有一种快捷的数组初始化方法，可以一次性将数组的所有元素初始化为同一个值，如图 2-17 所示，定义了一个整型数组 twoBitNumberArray，同时确定了数组的长度为 6，每一个元素的初值都为 0。另外，还可以通过运算符＋，由已知的数组快速得到新的数组。本例中定义了两个整型数组 twoBitNumberArray 和 threeBitNumberArray，分别包含 6 个元素和 3 个元素。将这两个数组相加，得到一个新的数组 theAdded-NumberArray，该数组包含 9 个元素，前 6 个元素来自 twoBitNumberArray，后 3 个元素来自 threeBitNumberArray。这里需要注意的是，相加的两个数组必须是相同数据类型的。

```
var twoBitNumberArray = [Int](count:     [0, 0, 0, 0, 0, 0]
    6, repeatedValue: 0)
var threeBitNumberArray = [Int]           [11, 11, 11]
    (count: 3, repeatedValue: 11)
var theAddedNumberArray =                 [0, 0, 0, 0, 0, 0, 11, 11, 11]
    twoBitNumberArray +
    threeBitNumberArray
```

图 2-17　数组的定义

数组中的元素是有序排列的，可以通过下标方便地找到特定位置的元素，也可以通过下标修改特定位置的元素值。需要特别注意的是，数组的第一个元素的下标是 0。如图 2-18 所示，通过 animalArray[0] 取得数组的第一个元素，然后又对第一个元素值进行了修改。另外，也可以利用下标批量修改数组元素的值。

```
var theFirstAnimal = animalArray[0]    "tiger"
animalArray[0] = "hen"                 "hen"

animalArray[2...4] =                    ["goat", "rat", "cock", "rabbit"]
    ["goat","rat","cock","rabbit"]
```

图 2-18　数组的下标操作

为了更好地对数组进行操作,Swift 还提供了强大的插入和删除函数。如图 2-19 所示,第一句向数组 animalArray 中序号为 3 的位置插入一个元素"snake"。这里,序号为 3 的元素是数组中的第 4 个元素。第二句是删除数组中序号为 2 的元素,即"goat"。第三句是删除数组中的第一个元素,即"hen",它的下标为 0。最后一句是删除数组中的最后一个元素,即"rabbit"。

```
animalArray.insert("snake", atIndex:    ["hen", "lion", "goat", "snake", "rat", "cock", "rabbit"]
    3)

animalArray.removeAtIndex(2)            "goat"

animalArray.removeFirst()               "hen"
animalArray.removeLast()                "rabbit"
```

图 2-19　数组的插入和删除

对数组进行遍历,一般采用 for-in 语句。如图 2-20 所示,第一个 for-in 语句对数组 animalArray 中的元素值进行遍历,并打印元素,这里可以是任何相关的元素操作语句。第二个 for-in 语句是对数组中元素的序号和值同时进行遍历,从而在获取元素值的同时可以得到相应的元素序号,也可以理解为元素在数组中的位置信息。

```
for animal in animalArray {
    print(animal)                       (4 times)
}

for (index,animal) in animalArray.
    enumerate() {
    print("No.\(index) animal is \      (4 times)
        (animal)")
}
```

图 2-20　数组的遍历

2．集合

集合中的元素是相同数据类型的,并且元素值是唯一的。集合中的元素是无序的。集合的声明格式为 Set<DataType>。

集合类型的初始化既可以从创建一个空的集合开始,也可以通过直接赋值的方式。第一种方式需要显式指出集合中元素的类型。第二种方式可以通过被赋予的初始值推断集合中元素的类型。图 2-21 给出了两种初始化的方式。

```
var weatherOfSanya = Set<          []
    String>()
weatherOfSanya =                   {"stormy", "rainy", "sunny"}
    ["rainy","sunny","stormy"]

var weatherOfBj : Set =            {"windy", "dry", "frogy"}
    ["dry","windy","frogy"]
```

图 2-21 集合的初始化

集合类型和数组类型一样，也提供了 isEmpty 和 insert 函数，从而可以方便、有效地操作集合类型，如图 2-22 所示。

```
if weatherOfSanya.isEmpty {
    print("The set of weather
        is empty!")
} else {
    print("There are \             "There are 3 kinds weather!\n"
        (weatherOfSanya.count)
        kinds weather!")
}

weatherOfSanya.insert("cloudy"     {"stormy", "rainy", "sunny", "cloudy"}
    )
```

图 2-22 集合的 isEmpty 和 insert 函数

要删除集合中的一个元素，可以使用 remove 函数。在 remove 函数中要提供被删除的元素的值。如果集合中有这个元素，删除后返回这个元素的值；如果集合中不存在该元素，则返回 nil。要删除集合中的所有元素，可以直接调用函数 removeAll。如图 2-23 所示，集合类型变量 weatherOfSanya 中还有元素 "stormy"，现删除该元素，返回值为 "stormy"，删

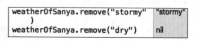

```
weatherOfSanya.remove("stormy"    "stormy"
    )
weatherOfSanya.remove("dry")      nil
```

图 2-23 集合的删除操作

除成功。而 "dry" 不是集合变量 weatherOfSanya 中的元素，因此第 2 条语句返回值为 nil。

要检查集合中是否包含某个特定的元素，可以直接调用函数 contains，如图 2-24 所示。

```
if weatherOfSanya.contains("sunny")
    {
    print("Sanya is sunny          "Sanya is sunny sometimes.\n"
        sometimes.")
}
```

图 2-24 集合的包含操作

遍历集合一般采用 for-in 循环来实现，如图 2-25 所示。

集合中的元素是乱序的，如果要有序地输出集合元素，可以先使用 sort 函数对集合内元素按照值进行排序。如图 2-26 所示，两条 print 语句分别打印了集合变量 weatherOfSanya 排序前和排序后的结果。

```
for weather in weatherOfSanya {
    print("\(weather)")                    (3 times)
}
```

图 2-25　集合的遍历

```
print("the result of unsorted : ")           the result of unsorted :
for weather in weatherOfSanya {              rainy
    print("\(weather)")                      sunny
}                                            cloudy
                                             the result of sorted :
print("the result of sorted : ")             cloudy
for weather in weatherOfSanya.sort() {       rainy
    print("\(weather)")                      sunny
}
```

图 2-26　集合的排序

Swift 提供了各种集合操作的方法，包括 intersect、exclusiveOr、union、subtract。其中，intersect 方法计算两个集合的交集，并形成一个新的集合；exclusiveOr 方法计算两个集合的中的非交集的部分，并形成一个新的集合；union 方法计算两个集合的并集，并形成一个新的集合；subtract 方法计算一个集合中不属于另一个集合的元素的集合。如图 2-27 所示，以三亚和北京的天气的集合为例，分别使用以上 4 种方法得到了 4 个不同的结果。

```
var weatherOfSanya = Set<String>()
weatherOfSanya =                             {"stormy", "rainy", "sunny"}
    ["rainy","sunny","stormy"]

var weatherOfBj : Set =                      {"windy", "dry", "sunny", "frogy"}
    ["dry","windy","frogy","sunny"]

weatherOfBj.intersect                        {"sunny"}
    (weatherOfSanya)
weatherOfBj.union(weatherOfSanya)            {"windy", "rainy", "stormy", "dry", "sunny", "frogy"}
weatherOfBj.subtract(weatherOfSanya)         {"windy", "dry", "frogy"}
    )
weatherOfBj.exclusiveOr                      {"windy", "stormy", "dry", "rainy", "frogy"}
    (weatherOfSanya)
```

图 2-27　集合的实例

3．字典

字典通过键值对的形式存储数据，每一个值都对应一个唯一的键。字典中数据的组织是无序的。对字典中值的操作，一般都是基于值所对应的键。声明字典类型的格

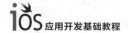

式 为 Dictionary ＜ KeyType，ValueType ＞。其 中，KeyType 为 键 的 数 据 类 型，ValueType 为值的数据类型。声明字典类型的简化格式为［KeyType：ValueType］。

　　字典的初始化从声明并创建一个空字典开始，如图 2-28 所示，通过两种声明格式定义并初始化了两个字典类型变量，其中，字典变量 ascIIDictChar 的键为整型，值为字符型；字典变量 ascIIDictNum 的键为整型，值为整型。

```
var ascIIDictChar = Dictionary<Int, Character>()  [:]
var ascIIDictNum = [Int:Int]()                     [:]
```

图 2-28　字典的声明

　　如果在声明的时候不知道字典具体的值，可以用上面的方式在声明字典变量的时候初始化为空字典。在声明字典变量的时候可以直接初始化为具体的值。如图 2-29 所示，定义了两个字典类型变量，并分别赋初始值。其中，ascIIDictChar 字典中包含 6 个元素，键为十进制的 ASCII 码值，值为 ASCII 码值对应的字符。ascIIDictNum 字典中包含 7 个元素，键为十进制的 ASCII 码值，值为码值对应的整型数字。

```
var ascIIDictChar = [97:"a",98:"b",        [100: "d", 101: "e", 99: "c", 97: "a", 98: "b", 102: "f"]
    99:"c",100:"d",101:"e",102:"f"]

var ascIIDictNum = [32:0,33:1,34:2,35:3,    [32: 0, 34: 2, 36: 4, 38: 6, 35: 3, 33: 1, 37: 5]
    36:4,37:5,38:6]
```

图 2-29　字典的初始化

　　对字典元素进行操作一般有两种方法，一种是利用下标，另一种是利用字典类型自带的方法和属性。这两种方法的使用和数组中下标和方法的使用类似。

　　如图 2-30 所示，先利用下标创建了一个新的键值对，键为 103，值为"g"。然后，修改已经存在的键值对［97:"a"］为［97:"A"］。

```
ascIIDictChar[103] = "g"     "g"
print(ascIIDictChar)         "[103: "g", 101: "e", 100: "d", 99: "c", 97: "a", 98: "b", 102: "f"]\n"
ascIIDictChar[97] = "A"      "A"
print(ascIIDictChar)         "[103: "g", 101: "e", 100: "d", 99: "c", 97: "A", 98: "b", 102: "f"]\n"
```

图 2-30　字典的键值对

　　如图 2-31 所示，使用字典类型的方法 updateValue 将键为 97 所对应的值更新为 "a"，注意观察字典变量 ascIIDictChar 两次输出结果的变化。updateValue 方法是对特定的键对应的值进行修改。如果存在这个键，则修改成功并返回该键原来对应的值；如果不存在该键，那么返回 false。

```
print(ascIIDictChar)                          "[103: "g", 101: "e", 100: "d", 99: "c", 97: "A", 98: "b", 102: "f"]\n"
if let originValue =
    ascIIDictChar.updateValue("a",
    forKey: 97) {
    print("The origin value is \            "The origin value is A\n"
    (originValue)")
}
print(ascIIDictChar)                          "[103: "g", 101: "e", 100: "d", 99: "c", 97: "a", 98: "b", 102: "f"]\n"
```

图 2-31　字典的 updateValue 方法

删除字典中的一个元素也有两种方法。一种是将特定键对应的值赋值为 nil，相当于删除了这个键值对。另一种是用字典类型的方法 removeValueForKey。图 2-32 给出了两种删除键值对的实例。removeValueForKey 方法是删除特定的键值。如果存在这个键，则删除成功并返回该键原来对应的值；如果不存在该键，那么返回 false。

```
print(ascIIDictChar)                          "[103: "g", 101: "e", 100: "d", 99: "c", 97: "a", 98: "b", 102: "f"]\n"
ascIIDictChar[97] = nil                       nil
print(ascIIDictChar)                          "[101: "e", 100: "d", 99: "c", 102: "f", 98: "b", 103: "g"]\n"

if let removedValue =
    ascIIDictChar.
    removeValueForKey(98) {
    print("Value \(removedValue)              "Value b is removed.\n"
        is removed.")
}
```

图 2-32　从字典中删除元素

遍历字典的元素可以在 for-in 循环中通过逐一访问键值对来实现。如图 2-33 所示，用元组变量（ascIICode，char）来存储每一次循环取出的键值对，然后再分别打印出来。

```
for (ascIICode,char) in                                ascII code 101 express char e
    ascIIDictChar {                                     ascII code 100 express char d
    print("ascII code \(ascIICode)    (5 times)         ascII code 99 express char c
        express char \(char) ")                         ascII code 102 express char f
}                                                       ascII code 103 express char g
```

图 2-33　遍历字典

字典类型还提供了 keys 和 values 属性，分别为所有键和所有值的集合，如图 2-34 所示，可以分别遍历字典变量的键的集合和值的集合。

键的集合或者值的集合也可以直接通过数组的初始化方法生成一个数组变量，如图 2-35 所示。

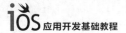
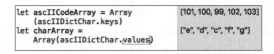

图 2-34　字典的 keys 和 values 属性

```
let ascIICodeArray = Array          [101, 100, 99, 102, 103]
    (ascIIDictChar.keys)
let charArray =                     ["e", "d", "c", "f", "g"]
    Array(ascIIDictChar.values)
```

图 2-35　通过数组初始化集合

2.4　控制流

Swift 中的循环控制语句包括 for 循环、while 循环、if 条件语句、switch 条件语句及控制转移语句。

1. for 循环

前面已经接触到 for 循环了,这里进行深入、系统的讨论。for 循环是指按照指定次数重复执行一系列语句的操作。for 循环有两种形式,即 for-in 循环和 for 条件递增循环。

for-in 循环主要用来遍历一个特定范围内的所有元素,例如一个集合、一个数字范围、一个字符串或者一个数组。

如图 2-36 所示,遍历了 1～6 的闭区间里所有整数,这里的整型变量 i 不需要显式声明,它是在循环的声明语句中被隐式声明的。每次循环的时候,i 被赋予 1～6 的数,在循环体内可以被引用。

当不需要知道每次循环时范围中的值时,可以使用下画线“_”来代替变量名,如图 2-37所示。这里需要注意的是,当用下画线来代替变量后,实际上 for-in 循环已经变成了重复一定的次数执行循环体内的语句,而不需要循环范围中遍历的值参与循环体的执行。

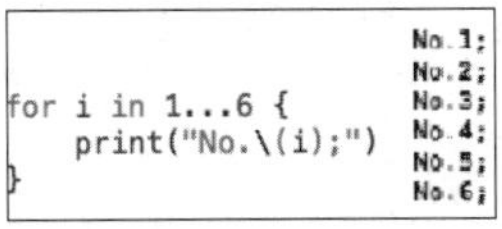

图 2-36　for-in 遍历闭区间　　　　图 2-37　下画线代替变量名

　　for-in 循环遍历数组、字典、集合的实例可参考前面相关的章节,这里不再重复介绍。

　　for 条件递增循环主要用来重复执行一系列语句,直到特定条件达成,一般的做法是每次循环后增加计数器的值,当计数器的值达到特定值后结束循环。

　　for 条件递增循环的格式为

```
for initialization;condition;increment {
    statements
}
```

　　该循环语句的执行过程分为 3 步。第一步,进行条件控制变量的初始化,即执行 initialization 部分的语句。第二步,执行条件判断语句 condition,结果为布尔值。当结果为 false 时,循环结束,继续执行 for 循环以外的后续语句;当结果为 true 时,执行循环体内的语句 statements。第三步,执行递增语句,即 increment 语句,完成后跳回第二步继续执行。

2．while 循环

　　while 循环就是重复执行一系列语句,直到条件语句值为 false。Swift 提供了两种类型的 while 循环。第一种是 while 循环,即在循环执行一系列语句前,先进行条件语句的判断,为 false 则结束循环,为 true 则继续执行循环体内语句。第二种是 repeat-while 循环,即执行循环体内的一系列语句,然后进行条件语句的判断,为 false 则结束循环,为 true 则继续执行循环体内语句。

　　while 循环的格式为

```
while condition {
    statements
}
```

repeat-while 循环的格式为

```
repeat {
    statements
} while condition
```

3. if 条件语句

if 条件语句在前面的章节已经很多次使用了,相信读者已经非常熟悉了。if 条件语句的格式为

```
if condition {
    statements
} else {
    statements
}
```

其中,else 语句还可以继续嵌套新的 if-else 语句,嵌套的数量没有限制。格式如下:

```
if condition1 {
    statements
} else if condition2 {
    statements
} else {
    statements
}
```

实例如图 2-38 所示,定义了一个字符串变量 season,用来保存当前的季节信息,赋初值为"autumn"。通过层层嵌套 if-else 语句,分别判断 season 为四季中的哪一个,并打印相应的季节提示信息。

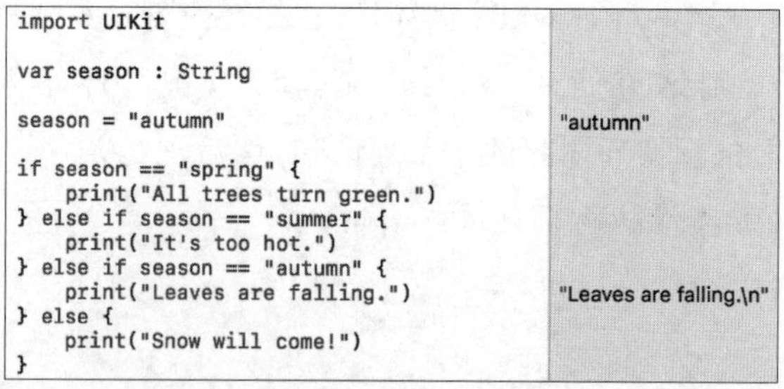

```
import UIKit

var season : String

season = "autumn"                              "autumn"

if season == "spring" {
    print("All trees turn green.")
} else if season == "summer" {
    print("It's too hot.")
} else if season == "autumn" {
    print("Leaves are falling.")              "Leaves are falling.\n"
} else {
    print("Snow will come!")
}
```

图 2-38 if 条件语句

4．switch 条件语句

switch 条件语句将一个值与若干个可能匹配的模式进行比较。执行第一个匹配成功的模式所对应的代码。图 2-38 中的 if-else 嵌套语句在情况比较多的时候，可以用 switch 语句来替代，在形式上会简化很多，可读性也大大提高。

switch 语句的格式如下：

```
switch someValue {
    case value1: statementsFor1
    case value2, 3: statementsFor23
    default: statementsForDefault
}
```

switch 语句中包含了多个 case 语句，每个 case 对应一个匹配的条件或模式，也对应一个特定的执行语句。这里需要注意的是，switch 语句中所列出的各种匹配模式必须是完备的，也就是说各种 case 情况必须包含 someValue 的所有可能值。在只想对部分特定情况进行比较和处理时，可以用 default 语句来处理其他没有出现在 case 中的可能情况（或值）。需要特别注意的是，switch 语句执行过程中，当第一次与 case 条件匹配后，执行该 case 中对应的语句后，直接跳出并执行 switch 块的后续语句，而不会继续与其他 case 条件进行比较。这一点是 Swift 与 C 语言的差别。在 C 语言中，要显式使用 break 跳出 switch 块。

5．控制转移语句

控制转移语句就是改变原有的代码执行顺序，实现代码的跳转。这里主要介绍两个常用的控制转移语句：continue 语句、break 语句。其他的控制转移语句可根据需要查找 Swift 官方文档。

continue 语句在循环语句中使用，当执行 continue 语句时，本次循环结束，继续下一次循环的执行。如图 2-39 所示，在 for-in 循环语句中，当 i 等于 4 的时候执行 continue，直接结束本次循环，并继续下一次循环，即后续的打印语句将不会执行。

break 语句既可以用于循环语句中，也可以用于其他的控制流语句中。当执行 break 语句时，直接终止当前控制流，并跳到控制流以外的后续语句处继续执行。它和 continue 语句在循环语句中应用时的差别是：break 语句终止全部后续的循环语句,而 continue 只是结束本次循环语句的执行。如图 2-40 所示,当 i 等于 4 的时候执行 break,终止后续所有的循环执行语句,直接跳出循环。

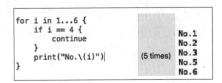

图 2-39　continue 语句

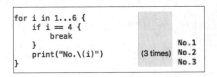

图 2-40　break 语句

2.5　函数与闭包

Swift 中的函数是执行特定任务的代码自包含块。每个函数都有类型,由参数类型和返回类型构成。闭包是一种功能性自包含模块,可以捕获和存储上下文中任意常量和变量的引用。本节介绍函数的定义、调用、形参、类型和闭包等。

1. 函数的定义和调用

定义一个函数,首先要定义函数名。函数名是用来标识函数的,可以理解为一个函数的代号。从语法上看,函数名的定义并没有特殊要求,但为了提高代码的可读性,函数名需要符合一定要求,例如,一般函数名的第一个单词要小写,从第二个单词开始每个单词的首字母要大写。另外,函数名要能够比较清楚而简略地描述该函数所完成的任务,从而提高函数的可读性。除了函数名,还要定义函数的传入值的类型,即形参的类型。同时,还要定义函数执行完毕后返回值的类型。另外,还需要定义函数体,即一系列执行语句,用来完成特定的任务。如图 2-41 所示,函数名为 mulAdd,注意在函数名前面一定要有关键字 func。该函数有 3 个形参,分别代表两个乘数和一个加数,都为整型。函数的返回值类型为整型,前面需要加上—>,表示该函数有返回值。大括号内是函数体,这里定义了 mulAdd 的具体运算过程,并将结果保存在常量 result 里。最后一条语句返回运算结果,这条 return 语句是和函数定义中的—>相对应的。有返回值的定义,就必须有 return 语句来返回值;没有定义返回值,则不需要 return 语句。

使用一个函数来完成一个特定的任务称为函数调用。调用函数可以通过函数名,

```
func mulAdd(mul1:Int,mul2:Int,add:Int) -> Int {        18
    let result = mul1*mul2 + add                       18
    return result
}

var result : Int

result = mulAdd(3, mul2: 5, add: 3)                    18

print("The result of mulAdd is \(result)")        "The result of mulAdd is 18\n"
```

图 2-41　函数的定义和调用

并根据形参的类型传入值。当函数有返回值的时候,还要注意接收函数返回值的变量的类型要和返回值类型一致。如图 2-41 所示,在函数定义外,通过 mulAdd(3,mul2:5,add:3)来调用函数,并将返回值保存在整型变量 result 中。

2. 函数形参

在 Swift 中,函数的形参定义非常灵活,可以有一个形参,也可以有多个形参,多个形参之间可以使用逗号分隔。图 2-4 中的函数 mulAdd(mul1:Int, mul2:Int, add:Int)就有 3 个形参。当然,还有一种情况就是没有形参。如图 2-42 所示,改写图 2-41 中的函数,去掉了函数定义中的 3 个形参。不带形参的函数在调用的时候虽然不需要传入参数值,但是仍然需要在函数名后面跟着一对空的括号。

```
func mulAdd() -> Int {
    let mul1,mul2,add : Int
    mul1 = 3                                           3
    mul2 = 5                                           5
    add = 3                                            3
    return mul1*mul2 + add                             18
}

var result = mulAdd()                                  18

print("The result of mulAdd is \(result)")        "The result of mulAdd is 18\n"
```

图 2-42　函数没有形参

函数不仅可以没有参数,也可以没有返回值类型。没有返回值类型的函数在其他语言中称为过程。在 Swift 中,并没有将无返回值类型的函数作为一种特殊的情况。如图 2-43 所示,继续改写前面的例子,得到一个无返回值类型的函数。由于函数没有返回值,所以在函数定义的时候就不需要->符号以及后面的返回值类型定义了。

如果函数的返回值为多个,那么就需要用元组来作为返回值类型。如图 2-44 所示,定义了函数 Climate,根据传入的参数 city 来返回这个城市的平均温度、天气以及

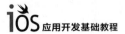
```
func mulAdd(mul1:Int,mul2:Int,add:Int){
    print("The result of mulAdd is \
       (mul1*mul2 + add)")
}

mulAdd(3,mul2:5,add:3)
```
"The result of mulAdd is 18\n"

图 2-43　无返回值的函数

风力的情况。这里通过一个元组来返回这 3 个信息。在函数体里,通过 switch 语句,
根据城市的名称获取城市的气候信息。最后,通过 return 语句返回一个元组。

```
func climate(city:String)-
   >(averageTemperature:Int,weather:String,
   wind:String) {
   var averageTemperature : Int
   var weather,wind : String
   switch city {
   case "beijing": averageTemperature = 25;
       weather = "dry";wind = "strong"       (3 times)
   case "shanghai": averageTemperature = 15;
       weather = "wet";wind = "weak"
   default : averageTemperature = 10; weather
       = "sunny"; wind = "normal"
   }

   return (averageTemperature,weather,wind)    (.0 25, .1 "dry", .2 "strong")
}

var climateTemp : (Int,String,String)

climateTemp = climate("beijing")              (.0 25, .1 "dry", .2 "strong")
```

图 2-44　多返回值函数

在上面的例子中,函数的参数只能在函数体内使用,不能在函数调用时使用,这种
形参称为内部参数。在调用函数的时候,为了明确每个参数的用途,提高函数调用的
可读性,需要使用外部参数。外部参数要在它所对应的内部参数的前面定义。如
图 2-45 所示,为函数的每一个参数都增加了一个外部参数名,分别为 mul、mul、add,
表示乘数、乘数、加数。在调用函数 mulAdd 的时候可以明确地知道每一个参数的含
义,降低赋值错误的可能性。

```
func mulAdd(mul no1:Int,mul no2:Int,add
   no3:Int){
   print("The result of mulAdd is \(no1*
      no2 + no3)")
}

mulAdd(mul: 3, mul: 5, add: 3)
```
"The result of mulAdd is 18\n"

图 2-45　函数的外部参数

前面介绍的形参只能在函数体内使用和改变,不会影响函数体外的传入的变量的值。也就是说,调用函数的时候,将函数外部变量作为参数传入函数体内的是变量的值,而不是变量本身。当变量的值在函数体内发生变化时,函数体外的变量的值并不会受到影响。当要通过函数对传入的变量的值发生影响时,就需要在函数定义传入参数时加上关键字 inout,表明该参数的值的变化会影响传值给它的外部变量。这种 inout 类型的参数实际上是通过指针来实现的,调用函数时,传递给函数中 inout 类型的参数的不是变量的值,而是变量的地址。在函数体中,当 inout 类型的参数的值发生变化时,必然会导致指针指向同一地址的外部变量的值发生变化。这里需要注意的是,在调用函数时,不能将一个常量或者字面量传递给一个 inout 类型的参数。

如图 2-46 所示,定义一个交换两个数的函数,在函数定义中,参数前面使用了关键字 inout,表示传入的不是值而是指针。在函数体内执行两个数的值的交换。在调用函数的时候,要注意传入的不是变量名,而是该变量的地址,这里使用了取址运算符 &。可以看到最后的结果是外部变量 a、b 的值发生了变化。

3. 函数类型

每一个函数都有特定的函数类型。函数类型由形参类型和返回值类型组成。如图 2-47 所示,add 的函数类型为(Int,Int)－＞Int,表示该函数有两个 Int 型的形参,返回值为 Int 型。helloWorld 的函数类型比较特殊,因为该函数既没有形参也没有返回值,它的函数类型为()－＞(),表示该函数没有形参,返回值为 void,相当于一个空元组。

```
func swap(inout a:Int,inout b:Int) {
    let temp = a                        5
    a = b                               6
    b = temp                            5
}

var a = 5                               5
var b = 6                               6
swap(&a, b: &b)
print("a is \(a)")                      "a is 6\n"
print("b is \(b)")                      "b is 5\n"
```

图 2-46　交换两个数的函数

```
func add(a: Int,b: Int) ->Int{
    return a+b
}

func helloWorld() {
    print("Hello world!")
}
```

图 2-47　函数类型

函数类型可以像其他数据类型一样使用。如图 2-48 所示,定义了两个变量 mathOperation 和 sayOperation。第一个变量的类型是(Int,Int)－＞Int,这是一个函数类型,表示变量 mathOperation 为一个函数变量,可以将函数类型为(Int,Int)－＞

Int 的函数赋值给它。第二个变量的类型是（）－＞（），这也是一个函数类型，表示变量 sayOperation 为一个函数变量，可以将函数类型为（）－＞（）的函数赋值给它。在这两个变量的定义语句中，直接给它们赋值为图 2-47 中定义的两个函数 add 和 helloWorld，这两个已知函数的类型与变量 mathOperation、sayOperation 定义的函数类型匹配，因此赋值成功。

```
var mathOperation : (Int,Int)->Int =          (Int, Int) -> Int
    add
var sayOperation : ()->() =                    () -> ()
    helloWorld

mathOperation(5,6)                             11
sayOperation()

var operation = add                            (Int, Int) -> Int
operation(6,b:7)                               13
```

图 2-48　函数类型实例

函数类型和其他类型一样，也可以直接给一个变量赋值，变量的类型不需要显式指出，编译器会通过类型推测得到变量的类型。如图 2-48 中，我们直接给变量 operation 赋值为函数名，可以看到左侧的显示，系统将其类型推测为函数类型（Int，Int）－＞Int。

函数类型还可以作为另一个函数的参数类型来使用。这就大大提高了函数定义的灵活性，从而可以在调用函数的时候再根据具体的情况决定哪个函数被调用。如图 2-49 所示，首先定义了两个简单的数学运算函数 add 和 sub，分别表示两个数的加法运算和减法运算。注意，这里默认为 a 是大于 b 的，否则进行减法运算时会出现负数，在某些情况下出现负数是不允许的。然后定义了函数 printResult，该函数的形参

```
func add(a: Int,b: Int) ->Int{
    return a + b
}

func sub(a: Int,b: Int) ->Int{
    return a – b                               6
}

func printResult(operation:
    (Int,Int)->Int, a:Int, b:Int) {
    let result : Int
    if a>b {
        result = operation(a,b)
    } else {
        result = operation(b,a)                6
    }
    print("the result is \(result)")           "the result is 6\n"
}

printResult(sub, a: 3, b: 9)
```

图 2-49　函数类型作为函数的参数

中包含一个函数类型的参数 operation，该参数的类型为函数类型（Int，Int）－＞Int。也就是说，在调用函数 printResult 时，可以传入一个类型匹配的函数给这个参数。在 printResult 函数体中，根据 a、b 的大小决定调用 operation 时参数的顺序，从而确保不会出现小数减大数的情况。在函数体外，调用 printResult 函数，并给形参 operation 赋值为减法函数 sub。

　　函数类型也可以作为另一个函数的返回值类型来使用。如图 2-50 所示，定义一个返回值类型为函数类型（Int，Int）－＞Int 的函数 mathOperation，该函数根据传入的形参 op 的值来确定返回什么函数，当 op 等于"sub"时，返回减法函数，否则返回加法函数。调用函数时，传入的形参值为"sub"，所以返回 sub 函数。因此，常量 result 的值为 sub 函数。当调用 result 时，效果与调用 sub 一致。

```
func mathOperation(op: String) ->
    (Int,Int)->Int {
    if op == "sub" {
        return sub                      (Int, Int) -> Int
    }else {
        return add
    }
}

let result = mathOperation("sub")       (Int, Int) -> Int
result(6,3)                             3
```

图 2-50　函数类型作为函数的返回值类型

4．闭包

闭包有以下 3 种形式。

（1）全局函数：有名字但不会捕获任何值的闭包。

（2）嵌套函数：有名字并可以捕获其封闭函数域内值的闭包。

（3）闭包表达式：没有名字但可以捕获上下文中变量和常量值的闭包。

　　嵌套函数是一种在复杂函数中命名和定义自包含代码块的简洁方式，而闭包表达式则是一种利用内联闭包的方式实现的更为简洁的方式。

　　闭包表达式的格式为

```
{ (parameters) ->returnType in
    statements
}
```

闭包表达式的参数可以为常量和变量，也可以使用 inout 类型，不能提供默认值。

在参数列表的最后可以使用可变参数。闭包表达式可以使用元组作为参数和返回值。

下面通过一个例子来说明闭包的使用。Swift 的数组类型中有一个非常有用的 sort 方法,其功能是对数组中的值进行排序,排序的规则由一个已知的闭包提供。该方法的返回值为一个排序后的新数组。sort 方法只有一个参数,为闭包类型。该闭包有两个参数,参数类型与数组元素的类型一致。闭包的返回值为布尔型。当返回值为 true 时,表示第一个元素和第二个元素位置保持不变;当返回值为 false 时,表示第一个元素应该和第二个元素交换位置。

例如,要用方法 sort 对一个 String 类型的数组按照字母降序排列,数组的初始值为["Beijing","Shanghai","Guangzhou","Hangzhou","Suzhou"],那么,sort 方法的参数类型就为(String,String)->Bool 的闭包。

如图 2-51 所示,定义 exchange 函数,用来判断两个字符串的值,并将比较结果用一个布尔型的值返回。如果第一个字符串大于第二个字符串,则返回 true,表示需要交换两个字符串在数组中的位置;反之,则返回 false,表示不需要交换两个字符串在数组中的位置。函数名 exchange 作为参数传递给 cityArray.sort 方法,运算结果保存到变量 descendingArray 中。

```
func exchange(s1:String, s2:String)->Bool {      (10 times)
    return s1 > s2
}

let cityArray =                                  ["Beijing", "Shanghai", "Guangzhou", "Hangzhou", "Suzhou"]
    ["Beijing","Shanghai","Guangzhou","Hang
    zhou","Suzhou"]

var descendingArray = cityArray.sort            ["Suzhou", "Shanghai", "Hangzhou", "Guangzhou", "Beijing"]
    (exchange)
```

图 2-51　exchange 函数

前面介绍过,闭包表达式是闭包中最简洁的一种书写方式。如图 2-52 所示,将前面的 exchange 函数改写为闭包表达式的形式。可以看出,执行的效果和全局函数的方式完全一致,但是简洁了很多。

```
cityArray                                        ["Beijing", "Shanghai", "Guangzhou", "Hangzhou", "Suzhou"]
var descengdingArrayByClosures =                 (11 times)
    cityArray.sort({(s1:String,
    s2:String)->Bool in return s1 > s2})
descengdingArrayByClosures                        ["Suzhou", "Shanghai", "Hangzhou", "Guangzhou", "Beijing"]
```

图 2-52　闭包表达式

还可以进一步简化闭包表达式,如图 2-53 所示。首先,sort 方法的参数类型是明确的,即闭包类型(String,String)－＞Bool。如果不提供闭包内相关的类型声明,编译器可以根据上下文来推断闭包中的参数类型和返回值类型。因此,可以去掉闭包表达式中的相关的类型声明,得到闭包表达式{s1,s2 in return s1＞s2}。其次,可以去掉 return 关键字,隐式返回结果,简化后得到闭包表达式{s1,s2 in s1＞s2}。另外,Swift 还提供了一种参数简写的方式,即,＄0 表示第一个参数,＄1 表示第二个参数。采用这种参数简写的方式,就连参数声明都多余了,只要保留参数之间的运算关系即可,简化后得到闭包表达式{＄0＞＄1}。最后,如果默认运算表达式中参数是依次出现的,也就是说先出现＄0,然后出现＄1,那么还可以进一步简化参数本身,只保留运算符,简化后得到闭包表达式{＞}。可以看到闭包表达式用各种方式简化后的运算结果都是一致的。需要注意的是,代码的简化必然会带来可读性的降低。因此,如何运用好闭包,在什么情况下运用闭包的简写形式,是需要慎重考虑的。

```
cityArray                                    ["Beijing", "Shanghai", "Guangzhou", "Hangzhou", "Suzhou"]
var descendingArray2 = cityArray.            (11 times)
    sort({s1,s2 in return s1>s2})
descendingArray2                             ["Suzhou", "Shanghai", "Hangzhou", "Guangzhou", "Beijing"]

cityArray                                    ["Beijing", "Shanghai", "Guangzhou", "Hangzhou", "Suzhou"]
var descendingArray3 = cityArray.            (11 times)
    sort({s1,s2 in s1>s2})
descendingArray3                             ["Suzhou", "Shanghai", "Hangzhou", "Guangzhou", "Beijing"]

cityArray                                    ["Beijing", "Shanghai", "Guangzhou", "Hangzhou", "Suzhou"]
var descendingArray4 = cityArray.            (11 times)
    sort({$0 > $1})
descendingArray4                             ["Suzhou", "Shanghai", "Hangzhou", "Guangzhou", "Beijing"]

cityArray                                    ["Beijing", "Shanghai", "Guangzhou", "Hangzhou", "Suzhou"]
var descendingArray5 = cityArray.            ["Suzhou", "Shanghai", "Hangzhou", "Guangzhou", "Beijing"]
    sort(>)
```

图 2-53　最简闭包表达式

如果闭包表达式是函数的最后一个参数,那么可以使用尾随闭包的方式来提高代码的可读性。尾随闭包是将整个闭包表达式从函数的参数括号里移到括号外面的一种书写方式。如图 2-54 所示,定义函数 mathCompute,根据不同的运算符号进行不同的运算。该函数有 4 个参数,其中最后一个参数为闭包类型,即(Int,Int)－＞Int。在调用函数 mathCompute 的时候,首先给出了一个将整个闭包作为参数的写法,然后给出了尾随闭包的写法。读者可以比较一下这两种写法,结果是一样的,但可读性有差别,特别是在闭包比较长的情况下尤其如此。

```
func mathCompute(opr:String,n1:Int,n2:Int,
     compute:(Int,Int)->Int) {
    switch opr {
    case "+": print("\(n1)+\(n2) = \(compute      "9+3 = 12\n"
        (n1,n2))")
    case "–": print("\(n1)–\(n2) = \(compute
        (n1,n2))")
    case "*": print("\(n1)*\(n2) = \(compute      "9*3 = 27\n"
        (n1,n2))")
    case "/": print("\(n1)/\(n2) = \(compute
        (n1,n2))")
    default : print("not support this
        operator")
    }
}

mathCompute("+", n1: 9, n2: 3, compute: {(n1:     12
    Int,n2:Int)->Int in n1 + n2})
mathCompute("*", n1: 9, n2: 3)                    27
    {(n1:Int,n2:Int)->Int in n1 * n2}
```

图 2-54　尾随闭包实例

2.6　结构体与类

　　结构体和类都是实现面向对象的重要手段,两者非常类似,又有一定的差异。可以将结构体理解为一种轻量级的类。在 Swift 中,通常通过一个单独的文件来定义一个类或者一个结构体,然后由系统自动生成外部接口,而不像其他的语言那样需要手动创建接口或者实现文件。因此,在 Swift 中使用类和结构体是非常方便的。本节对结构体和类的特点进行详细介绍。

　　在 Swift 中,结构体拥有很多类的特点,例如,结构体也可以定义属性、方法,使用下标语法、构造器,等等。但是,结构体并不支持类的继承、析构、引用计数及类型转换等特点。

　　结构体和类的定义方式非常类似,都是关键字加上名字,然后大括号中定义具体内容,唯一区别是:结构体通过关键字 struct 来标识,而类通过关键字 class 来标识。结构体定义具体的格式如下:

```
struct NameOfStruct {
    struct definition
}
class NameOfClass {
    class definition
}
```

一般来说,在 Swift 中定义结构体或类的名称时,首字母要大写,而定义结构体或类中的属性和方法时,首字母要小写。这样,代码的命名方式和官方一致,从而具有更好的可读性。

　　如图 2-55 所示,分别定义一个结构体和一个类。定义的结构体名为 Book,含有 3 个属性,分别为 name、price、category,表示书籍的书名、价格以及分类,同时给前两个属性赋初值。定义的类名为 Reader,含有 3 个属性,分别为 name、age、favorite,表示读者的名字、年龄以及喜欢的书籍。其中,属性 favorite 为可选字符串类型,表示读者可能有喜欢的书籍,也可能暂时没有。

```swift
struct Book {
    var name = ""
    var price = 0
    var category :String
}

class Reader {
    var name = ""
    var age = 16
    var favorite :String?
}
```

图 2-55　结构体实例

　　结构体和类都可以通过构造器来生成实例,最简单的生成实例的方式就是在结构体名或者类型后面直接带上一对空括号,此时实例的属性会被初始化为默认值。实例也可以通过在括号中为属性一一赋值的方式进行初始化。如图 2-56 所示,创建一个 Reader 类的实例 theReader,并且初始化 theReader 的属性值为默认值,还创建了一个 Book 结构体的实例 theBook,并且通过对所有属性一一赋值的方式进行初始化。后面的章节将会详细介绍结构体和类的初始化方法。

```swift
let theReader = Reader()                              Reader
print("Reader's default age is \(theReader.age)")     "Reader's default age is 16\n"

var theBook = Book(name: "Life of Pi", price: 62,     Book
    category: "adventure")
print("\(theBook.name)'s category is \(theBook.       "Life of Pi's category is adventure and  price is 62RMB\n"
    category) and  price is \(theBook.price)RMB")
```

图 2-56　生成结构体实例

　　结构体和类的实例的属性都可以通过点运算符访问,即在实例名后通过点号“.”连接具体的属性名即可。在图 2-56 中,通过点运算符访问结构体实例 theBook 的属性 name、category 以及 price。

　　上面介绍了结构体和类的主要共同点,下面分析两者的主要差别。

　　结构体是值类型,也就是说,当一个结构体变量的值赋给另一个变量时,是通过复制结构体变量值来实现的。在 Swift 中,所有的基本类型,包括整型、浮点型、布尔型、字符串、字符型、数组以及字典,都属于值类型,它们的底层实现都是一样的。

　　如图 2-57 所示,将结构体实例 theBook 的值赋值给新的变量 anotherBook。此时，通过打印输出两个结构体实例的值，发现此时 theBook 和 anotherBook 的属性值完全一致。然后对 anotherBook 实例中的属性重新赋值为完全不同的值，再次打印输出两个结构体实例的值，发现 theBook 仍然保持原值，而 anotherBook 已变为修改后的值。此例很好地说明了结构体的值类型特点。结构体实例进行赋值时，由于是复制了一份新的结构体，因此，两个结构体实例在赋值后，虽然值一样，但是其物理存储空间是两个不同的地方。当其中一个结构体实例的值发生改变时，不会影响到另一个结构体实例的值。

```
var anotherBook = theBook              Book
print(theBook)                         "Book(name: "Life of Pi", price: 62, category: "adventure")\n"
print(anotherBook)                     "Book(name: "Life of Pi", price: 62, category: "adventure")\n"
anotherBook.category = "history"       Book
anotherBook.price = 136                Book
anotherBook.name = "Empiror Kangxi"    Book
print(theBook)                         "Book(name: "Life of Pi", price: 62, category: "adventure")\n"
print(anotherBook)                     "Book(name: "Empiror Kangxi", price: 136, category: "history")\n"
```

图 2-57　结构体属于值类型

而类是引用类型的。将引用类型变量赋值给另一个变量时，是将该引用类型变量的物理存储地址赋值给另一个变量。赋值后，该变量和被赋值的变量所指向的物理地址相同。学过 C 语言的读者可以将其理解为指针类型。

如图 2-58 所示，Reader 类的实例 theReader 将其赋值给变量 anotherReader。此时，theReader 和 anotherReader 都指向存储 Reader 类实例的同一片空间。通过打印输出这两个实例，发现两个实例的属性值完全相同。然后，修改实例 anotherReader 中属性 name 和 age 的值，再次打印这两个实例，发现两个实例的属性值都变成了修改后的值。这就说明了类的引用类型的特点。

```
theReader.name = "Tommy"               Reader
var anotherReader = theReader          Reader
print("\(theReader.name) is \         "Tommy is 16\n"
    (theReader.age)")
print("\(anotherReader.name) is \     "Tommy is 16\n"
    (anotherReader.age)")

anotherReader.name = "Jerry"           Reader
anotherReader.age = 39                 Reader
print("\(theReader.name) is \         "Jerry is 39\n"
    (theReader.age)")
print("\(anotherReader.name) is \     "Jerry is 39\n"
    (anotherReader.age)")
```

图 2-58　类属于引用类型

由于引用类型和值类型的不同之处，所以在进行引用类型变量或者常量的比较时,就不能沿用运算符==。运算符==表示两个值类型的变量或常量的值相等。而引用类型比较的运算符称为等价运算符,符号为===,即 3 个等号,它表示两个引用类型的变量或常量引用了同一个的类实例。

结构体是值类型,通过值复制来传递值;而类为引用类型,通过引用值来传递值。这意味着两者适用于不同的应用场景。在实际应用中,大部分情况都会使用类来描述一个复杂的数据结构或者对象。而结构体则主要用来描述一些相关的简单的数据值,例如,描述一个几何形状的尺寸或者一个三维坐标系等。

2.7　属性与方法

前面介绍的类、结构体都有属性。属性将值和这些类型关联。属性分为存储属性、计算属性和类型属性。存储属性通过常量或者变量来存储实例的值。计算属性用来计算值。存储属性和计算属性与具体的实例相关联。类型属性是属于类型本身的,而不属于特定的实例。

另外,本节还介绍非常有用的属性观察器,它用来监视属性值的变化,并据此来触发特定的操作。

1. 存储属性

存储属性就是存储在一个类或者一个结构体中的变量或常量,既可以在定义存储属性的时候指定一个默认值,也可以在构造器中设置或修改存储属性的值。如图 2-59 所示,定义一个名为 user 的结构体,该结构体含有 4 个存储属性,分别为常量属性 id 和变量属性 name、password、email。然后创建一个结构体 user 的实例 theUser,通过调用默认构造器的方式初始化 theUser 中的存储属性。这里需要注意的是,常量存储属性被初始化后,值是不能改变的。可以看到,初始化后实例 theUser 的 id 为 16,然后将 19 赋值给 id 时系统报错。

```
struct user {
    let id : Int
    var name : String
    var password : String
    var email : String
}

var theUser = user(id: 16, name:        user
    "Tommy", password: "bhq963",
    email: "tommy@gmail.com")

theUser.id = 19                         user
 ⊘ Cannot assign to property: 'id' is a 'let' constant
```

而对实例中的其他变量存储属性进行修改则没有任何问题。在图 2-60 中,修改了实例 user 的变量存储属性 name、password、email。

图 2-59　类的存储属性

在图 2-59 所示的例子中，创建了结构体 user 的实例，并赋值给变量 theUser。如果赋值给常量 anotherUser，那么该常量结构体实例中的存储属性的值都不能被改变，包括常量存储属性和变量存储属性。如图 2-61 所示，创建 user 的一个实例，并进行初始化，然后赋值给常量 anotherUser。系统对常量结构体实例 anotherUser 的常量存储属性 id 和变量存储属性 name、password、email 的赋值均报错。

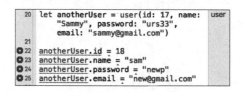

图 2-60　修改类的存储属性　　　　　　图 2-61　常量存储属性

在存储属性声明前加上关键字 lazy，表示该属性为延迟存储属性。延迟存储属性在实例第一次被调用的时候才会计算初始值。因此，延迟存储属性必须声明为变量。而常量属性在实例初始化完成后必须有值。

当一个属性在初始化时需要占用大量系统资源（时间或空间）时，常常声明该属性为延迟属性。当一个属性的值依赖于实例初始化完以后的外部因素时，也将其声明为延迟属性。如图 2-62 所示，类 user 中定义了一个延迟属性 image，该属性为结构体 ImageInfo 的一个实例。在创建 user 的实例 theUser 时，初始化所有存储属性，除了延迟属性 image 以外，直到第一次在 print 语句中使用到该属性时才创建了 image 实例。

2．计算属性

计算属性不直接存储值，它通过 getter 和 setter 方法来获取和设置值。类、结构体和枚举类型都可以定义计算属性。如图 2-63 所示，在图 2-62 所示实例的基础上，在类 user 的定义中增加了一个计算属性 holiday。该属性的值需要通过其定义中的 get 方法计算得到。在这里，holiday（假期）的值取决于 workingYear（工作年限）的值：工作年限小于 1 年的，假期为 5 天；工作年限 1～5 年的，假期为 5 天加上工作年限数。工作年限超过 5 年的，都为 12 天假期。本例中，创建了一个 user 的实例，并设置 workingYear 为 3，根据 get 方法计算可以得到 holiday 为 8 天。

```
class user {
    var id = 0
    var name = ""
    var password = ""
    var email = ""
    lazy var image = ImageInfo()
}

struct ImageInfo {
    var name = "default name"
    var path = "default path"
}

var theUser = user()                                    user
theUser.id = 18                                         user
theUser.name = "sammy"                                  user
//Till now, instance of image hasn't been
    created.In the following, let's create it.
print("the name of image is \(theUser.image.           "the name of image is default name\n"
    name)")
```

图 2-62　延迟存储属性

```
struct ImageInfo {
    var name = "default name"
    var path = "default path"
}

class user {
    var id = 0
    var name = ""
    var password = ""
    var email = ""
    lazy var image = ImageInfo()
    var workingYear = 0
    var holiday : Int {
        get {
            var days : Int
            switch workingYear {
            case 0 : days = 5
            case 1...5 : days = 5 +
                workingYear
            default : days = 12
            }
            return days
        }
    }
}

var theUser = user()
theUser.name = "Tony"
theUser.workingYear = 3
print("Tony has worked for \
    (theUser.workingYear) years and he has
    holiday: \(theUser.holiday) days")
```

图 2-63　计算属性

3. 属性观察器

Swift 提供了属性观察器机制来监控属性值的变化。在改变一个属性值的之前和之后，都可以触发属性观察器。除了延迟存储属性，所有其他属性都可以增加一个属性观察器，对其值的变化进行监控。

属性观察器有两个方法：willSet 和 didSet。willSet 在属性的值被改变前调用，didSet 在属性的值被改变后调用。willSet 会将新值作为常量参数传入，默认名称为 newValue，也可以为该参数自定义一个名称。didSet 则会将旧值作为参数传入 oldValue，同样也可以为该参数自定义一个名称。

如图 2-64 所示，定义一个 Website 类，包含两个属性 clicks 和 domain。domain 表示域名，初始值为空字符串。clicks 表示单击量，初始值为 0。这里，为 clicks 添加了两个属性观察器 willSet 和 didSet。在 willSet 中自定义了参数 newClicks，用来接收新值。willSet 中的处理语句是打印 clicks 即将要被赋的新值。在 didSet 中，没有自定义参数来接收旧值，默认情况下，旧值保存在 oldValue 中。didSet 的处理语句是打印点击量的变化情况。在本例中，定义了一个 Website 实例，并对属性 clicks 进行了两次赋值。运行结果显示，在两次赋值的前后，属性观察器都得到了正常的触发。

```
class Website {
    var domain : String = ""
    var clicks : Int = 0 {
        willSet(newClicks){
            print("clicks will be set to \
                (newClicks)")                      (2 times)
        }
        didSet {
            print("did set clicks from \
                (oldValue) to \(clicks)")          (2 times)
        }
    }
}

let theWebsite = Website()                          Website
theWebsite.domain = "www.buaa.edu.cn"               Website
theWebsite.clicks = 100                             Website
theWebsite.clicks = 200                             Website

            clicks will be set to 100
            did set clicks from 0 to 100
            clicks will be set to 200
            did set clicks from 100 to 200
```

图 2-64　属性观察器

4．类型属性

每次类型实例化后，每个实例都拥有一套自己的属性值，各实例的属性值互相独立。如果要让某个类型的所有实例都共享同一个属性，就需要引入类型属性的概念。

类型属性用来定义某个类型的所有实例都共享的数据，例如该类型的所有实例都能用的一个常量或者变量。其中，作为类型属性时，值类型的存储属性可以为常量，也可以为变量，而计算属性则只能为变量。

在 Swift 中,类型属性使用关键字 static 来标识。类型属性作为类型定义的一部分,它的作用域为类型的内部。跟实例属性一样,类型属性的访问也是通过点运算符来进行的。只不过类型属性只能通过类型本身来获取和修改而已。

如图 2-65 所示,定义一个类 Visitor,表示网站访客。Visitor 定义了两个存储属性 name 和 stayTime,表示访客的名字和在网站的停留时间。另外,Visitor 还定义了访问权限 permission,该存储属性为类型属性,只有类 Visitor 本身才能获取和修改它的值。本例中,先创建了一个 Visitor 实例 theVisitor,该实例有自己的 name 和 stayTime。此时,访问权限 permission 为初始值 visitor,表示所有实例的访问权限都为访客。然后,又创建了一个实例为 anotherVisitor,该实例也有自己的 name 和 stayTime。现在要将所有实例的访问权限修改为 administrator,即管理员权限,需要通过类 Visitor 的点运算符修改类型属性 permission 的值。

```
class Visitor {
    var name : String = ""
    var stayTime : Int = 0
    static var permission : String = "visitor"
}

let theVisitor = Visitor()                          Visitor
theVisitor.name = "Tom"                             Visitor
theVisitor.stayTime = 5                             Visitor
print("Current permission is \(Visitor.            "Current permission is visitor\n"
    permission)")
let anotherVisitor = Visitor()                      Visitor
anotherVisitor.name = "Sam"                         Visitor
anotherVisitor.stayTime = 9                         Visitor
Visitor.permission = "administrator"
print("Now permission is \                         "Now permission is administrator\n"
    (Visitor.permission)")
```

图 2-65　类型属性

5. 方法

方法是类、结构体或枚举中定义实现具体任务或功能的函数。方法分为实例方法和类型方法。实例方法与实例相关联,而类型方法与类型本身相关联,和该类型的实例无关。

6. 实例方法

实例方法指类、结构体或枚举类型的实例的方法。实例方法可以访问和修改实例的属性,实现特定的功能。实例方法的定义方法和函数完全一致。

实例方法的定义要写在类型定义的大括号内。实例方法可以隐式访问属于同一个类型的其他实例方法和属性。实例方法只能被一个实例调用。如图 2-66 所示,定义一个很简单的类 Website,只含有一个属性 visitCount 和一个实例方法 visiting,前者表示访问次数,后者用于访问计数。实例方法 visiting 没有参数,它的实现只有一条语句,就是属性访问次数 visitCount 的自增。然后,创建了一个 Website 类的实例 sina,可以看到,每调用一次实例方法 visiting,实例属性就会增加 1。

```
class Website {
    var visitCount = 0
    func visiting(){
        ++visitCount          (2 times)
    }
}

let sina = Website()         Website
sina.visitCount              0
sina.visiting()              Website
sina.visitCount              1
sina.visiting()              Website
sina.visitCount              2
```

图 2-66　实例方法

函数参数除了有内部名称外,还可以有一个外部名称。同样,方法的参数除了有内部名称外,也可以有一个外部名称。在 Swift 中,默认情况下,方法的第一个参数只有内部名称,第二个及后续的参数同时有内部名称和外部名称。如图 2-67 所示,类 Website 中修改了方法 visiting,为其增加了两个参数 visitor 和 visitDate,分别表示访问者和访问日期。定义类之后,创建了一个 Website 的实例 sina,然后实例 sina 调用其实例方法 visiting。从调用的格式可以看出,visiting 的第一个参数 visitor 没有外部参数名称,而第二个参数 visitDate 默认使用了内部参数名称作为其外部参数名称。

```
class Website {
    var visitCount = 0
    var visitor = [String]()
    var visitDate = ""
    func visiting(visitor:String,
        visitDate : String){
        ++visitCount          1
        self.visitor.append(visitor)   ["Tommy"]
        self.visitDate = visitDate     Website
    }
}

let sina = Website()                   Website
sina.visiting("Tommy", visitDate:      Website
    "2016-6-1")
sina.visitCount                        1
sina.visitor                           ["Tommy"]
sina.visitDate                         "2016-6-1"
```

图 2-67　函数参数的外部名称

在 Swift 中,默认情况下,从方法的第二个参数开始将其内部参数名作为外部参数名,第一个参数是没有外部参数名的。有时候需要方法的第一个参数提供外部参数名,我们可以通过添加一个显式的外部参数名。如图 2-68 所示,修改上例中方法

visiting 的第一个参数，为其增加一个外部参数名。在实例 sina 调用方法 visiting 时就可以使用第一个参数的外部名称了。

```
class Website {
    var visitCount = 0
    var visitor = [String]()
    var visitDate = ""
    func visiting(visitor visitor:String,
        visitDate : String){
        ++visitCount                    1
        self.visitor.append(visitor)    ["Tommy"]
        self.visitDate = visitDate      Website
    }
}

let sina = Website()                    Website
sina.visiting(visitor:"Tommy", visitDate:  Website
    "2016-6-1")
sina.visitCount                         1
sina.visitor                            ["Tommy"]
sina.visitDate                          "2016-6-1"
```

图 2-68 增加外部参数

每个实例都有一个隐式的属性 self，表示这个实例本身。在实例的方法中可以通过 self 来引用实例本身。例如图 2-68 中的＋＋visitCount 实际上等同于＋＋self. visitCount。一般情况下，实例方法引用实例方法或属性是不需要显式写上 self 的。但是，当实例方法的参数名与实例属性名相同的时候，根据就近原则，认为是实例方法的参数。此时，如果要引用实例属性，就需要通过 self 来进行区分了。在图 2-68 中，方法 visiting 的第一个参数为 visitor，是字符串型，同时实例属性也有一个名为 visitor，是字符串数字型，为了实现向实例属性 visitor 中不断增加新的访客的效果，就需要显式使用 self 来区分这两个同名的变量。

7.类型方法

类型方法是只能由类型本身调用的方法。在类、结构体和枚举中声明类型方法时要在方法的前面加上关键字 static。在类中可以使用关键字 class 来实现子类重写父类的方法。类型方法和实例方法一样都是采用点运算符来调用，不同之处在于，类型方法是类型本身对该方法的调用，而实例方法只能是实例对该方法的调用。在类型方法中，self 指向类型本身，而不是实例。

如图 2-69 所示，在前面例子的基础上，在方法 visiting 前面加上关键字 static，表示该方法为类型方法，结果编译器报错，显示在类型方法内不能使用实例属性。因此，将实例属性 visitCount、visitor、visitDate 前均加上关键字 static，表示这些属性均为类型属性。在实例化 Website 后，不能通过实例来调用类型方法，因此去掉实例，修改为直接使用类 Website 调用类型方法 visiting，并用点运算符调用类型属性。系统编译通过，运行结果正确。

```
class Website {
    var visitCount = 0
    var visitor = [String]()
    var visitDate = ""
    func visiting(visitor visitor:String,
        visitDate : String){
        ++visitCount                         1
        self.visitor.append(visitor)         ["Tommy"]
        self.visitDate = visitDate           Website
    }
}

let sina = Website()                         Website
sina.visiting(visitor:"Tommy", visitDate:    Website
    "2016-6-1")
sina.visitCount                              1
sina.visitor                                 ["Tommy"]
sina.visitDate                               "2016-6-1"
```

图 2-69　类型方法

8. 下标

下标是通过下标的索引来获取值的一种快捷方法。下标最典型的例子就是在数组中使用下标来进行数组元素的读写，例如 Array[Index]。在类、结构体和枚举类型中，可以自定义下标，从而实现对实例属性的赋值和访问。自定义的下标可以有多种索引值类型，以实现按照不同索引进行实例属性的赋值和访问。

下标是通过实例后面的括号中传入一个或者多个的索引值来对实例进行访问和赋值的。自定义一个下标时要使用关键字 subscript 显式声明一个或多个传入参数和返回类型。自定义下标通过 setter 和 getter 方法的定义，可以实现读写或者只读，具体格式如下：

```
subscript(index: Int) -> Int {
    get {
        return index
    }
    set(newValue) {
        set new value
    }
}
```

这里，newValue 的类型必须和下标定义的返回值类型一致。如果没有显示声明 newValue，一样可以在 set 定义中使用系统已经默认定义的 newValue。

如图 2-70 所示，在前面例子的基础上，增加下标的定义。其中，传入参数为整型的 index，返回值为字符串类型。在下标中定义了 get 方法和 set 方法。get 方法要根据索引值 index 返回 visitor 数组中的某一个访客的名字，set 方法实现向索引值对应的变量进行赋值。本例中，创建了 Website 的实例 sina，并通过方法 visiting 向数组 visitor 中写入了两个访客的名字。由于定义了下标，就可以通过下标语法来快速、方便地对特定元素进行访问和赋值了。这里通过 sina[0] 将 visitor 数组中的第一个值读出，然后通过 sina[2]＝"Pennie"实现了向 visitor 数组中写入值的操作。

```
class Website {
    var visitCount = 0
    var visitor = [String]()
    var visitDate = ""
    func visiting(visitor visitor:String,
        visitDate : String){
        ++visitCount                          (2 times)
        self.visitor.append(visitor)          (2 times)
        self.visitDate = visitDate            (2 times)
    }
    subscript(index : Int) -> String {
        get {
            return visitor[index]             "Tom"
        }
        set {
            visitor[index] = newValue         "Pennie"
        }
    }
}

var sina = Website()                          Website
sina.visiting(visitor: "Tom", visitDate:      Website
    "2016-6-3")
sina.visiting(visitor: "Sam", visitDate:      Website
    "2016-6-9")
print("\(sina[0])")                           "Tom\n"
sina[2] = "Pennie"                            "Pennie"
print("\(sina[2])")
```

图 2-70　定义下标

下标一般用来提供一种访问集合、列表或序列中元素的快捷方式。在类或结构体中，也可以自定义下标来实现特定的快捷功能。下标具体的含义取决于具体的应用场景。

2.8　继承性

继承性是指一个类可以继承别的类的方法和属性，这个继承的类称为子类，被继承的类称为父类。继承性是类的一个基本特征。

在 Swift 中,一个类可以调用父类的方法,访问父类的属性和下标,还可以重载父类的方法、属性和下标。

1. 基类和子类

没有父类的类称为基类。在 Swift 中,所有的类都不是从一个通用的基类继承而来的。如果不为一个类指定一个父类,那么这个类就是基类。如图 2-71 所示,定义一个基类 Student。这个类中包括 3 个存储属性 name、age、id,分别表示姓名、年龄和学号这些基本信息,还包括一个计算属性 basicInfo,用来输出学生的基本信息,它的值由 name、age、id 计算而来。另外,还定义了两个函数 chooseClass 和 haveClass,分别表示选课和上课的功能。然后,创建 Student 的一个实例 theStudent,并为其中的实例属性赋值,输出计算属性 basicInfo。这里的类 Student 就是一个基类,可以看出,基类只是一个定义其他具体的类的基础,它规定子类最基本的信息和功能。

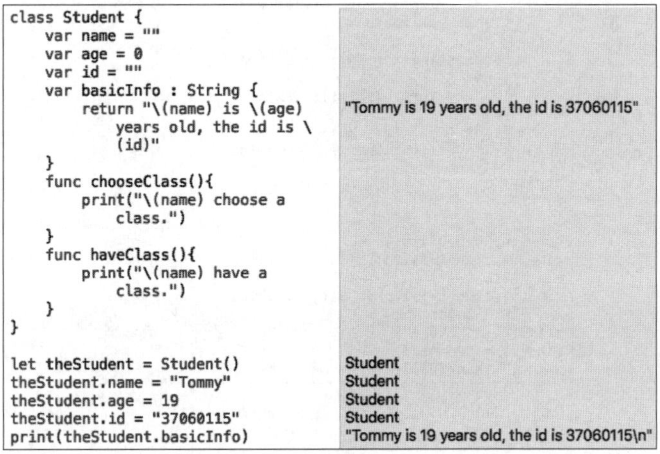

```
class Student {
    var name = ""
    var age = 0
    var id = ""
    var basicInfo : String {
        return "\(name) is \(age)            "Tommy is 19 years old, the id is 37060115"
            years old, the id is \
            (id)"
    }
    func chooseClass(){
        print("\(name) choose a
            class.")
    }
    func haveClass(){
        print("\(name) have a
            class.")
    }
}

let theStudent = Student()                  Student
theStudent.name = "Tommy"                    Student
theStudent.age = 19                          Student
theStudent.id = "37060115"                   Student
print(theStudent.basicInfo)                 "Tommy is 19 years old, the id is 37060115\n"
```

图 2-71　基类的定义

子类就是在一个已有类的基础上创建的一个新类,它继承了父类的全部特性,并且还有自己的特性。

定义一个子类的格式为

```
class SonClass: FatherClass {
    class definition
}
```

　　除了需要在子类的类名后标注其父类的类名,并用冒号分隔以外,子类的定义和一般类的定义几乎一样。

　　如图 2-72 所示,在基类 Student 的基础上,定义了研究生类 Graduate。Student 类和 Graduate 类之间是父子关系。Graduate 类继承了 Student 类中所有的属性和方法。另外,Graduate 类还定义了只属于它自己的存储属性 supervisor 和 researchTopic 表示研究生的导师和研究方向。Graduate 类还有自己的方法 chooseSupervisor,用来实现研究生选导师的功能。然后创建了一个 Graduate 类的实例 theGraduate,可以看到实例 theGraduate 不仅能访问 Graduate 类中定义的属性和方法,还能访问 Graduate 的父类 Student 中的属性 name、age、id 等,也能调用父类 Student 中的方法 haveClass 等。

```
class Graduate : Student {
    var supervisor = ""
    var researchTopic = ""
    func chooseSuperVisor(superVisor:String){
        self.supervisor = superVisor
    }
}

let theGraduate = Graduate()
theGraduate.name = "Sam"
theGraduate.age = 23
theGraduate.id = "SY0602115"
theGraduate.haveClass()
theGraduate.researchTopic = "Graphics"
theGraduate.chooseSuperVisor("Ian")
print("Graduate \(theGraduate.name) is \
    (theGraduate.age) and the id is \
    (theGraduate.id), The research topic is \
    (theGraduate.researchTopic) and
    supervisor is \(theGraduate.supervisor)")

Graduate Sam is 23 and the id is SY0602115, The
research topic is Graphics and supervisor is Ian
```

图 2-72　基类的子类定义

　　子类也可以有子类。子类的子类也继承其父类及父类的父类的全部属性和方法。在前面的例子中,Graduate 类的父类为 Student 类,同时 Student 类也是基类。如图 2-73 所示,再以 Graduate 类为父类,定义博士生类 Doctor。Doctor 类不仅继承其父类 Graduate 类的所有属性和方法,而且同时也继承基类 Student 的所有属性和方法。在 Doctor 类中,定义了存储属性 articles(发表的文章),是字符串数组。另外,还定义了一个发表文章的方法 publishArticle,能够将新发表的文章添加到文章列表中。

　　然后,创建了一个 Doctor 类的实例 theDoctor。根据运行结果可以看出,实例 theDoctor 不仅可以操作基类的属性 name、age、id 和调用基类的方法 basicInfo,而且也可以操作其父类的属性 supervisor 和调用父类的方法 chooseSupervisor。同时，theDoctor 实例也可以调用自己定义的独有的方法 publishArticle 和访问自己独有的属性 articles 数组。

```
class Doctor: Graduate {
    var articles = [String]()
    func publishArticle(article : String){      (2 times)
        articles.append(article)
    }
}

let theDoctor = Doctor()                         Doctor
theDoctor.name = "Pennie"                         Doctor
theDoctor.age = 26                                Doctor
theDoctor.id = "BY0607120"                        Doctor
theDoctor.basicInfo                               "Pennie is 26 years old, the id is BY0607120"
theDoctor.chooseSuperVisor("Ellis")              Doctor
theDoctor.supervisor                              "Ellis"
theDoctor.publishArticle("Petri nets theory")    Doctor
theDoctor.publishArticle("Process               Doctor
    management")
theDoctor.articles                               ["Petri nets theory", "Process management"]
```

图 2-73 子类的实例

2. 重载

重载是面向对象程序设计中的一个非常重要的概念。重载指的是子类对从父类继承来的实例方法、类方法、实例属性及下标等定义自己的实现。在重载一个父类的特性时，需要在该特性前面加上关键字 override。对于系统来说，关键字 override 意味着要重新定义一个特性，该特性是继承自父类的。如果不加关键字 override，子类中同名的特性会导致编译阶段报错。

在子类中重载父类的方法、属性或下标时，可以通过 super 前缀语法来引入父类的实现，从而使子类的代码专注于实现新增的功能。一般来说，在重载父类的方法 method 时，先通过 super.method 来访问父类的 method 方法，然后再定义子类中新增的实现。在重载父类中属性 property 的 getter 和 setter 方法时，通过 super.property 来访问父类的 property 属性。在重载父类中的下标时，通过 super[index] 来访问父类中的相同下标。

在子类中，可以提供一个新的实现来重载父类的实例方法或类方法。重载后，父类中的方法将会被完全覆盖。如图 2-74 所示，子类 Graduate 重载了父类的方法 chooseClass。当通过类 Graduate 的实例 theGraduate 调用方法 chooseClass 时，可以看到，实际执行的是子类 Graduate 中的方法，而不是父类 Student 中的同名方法。

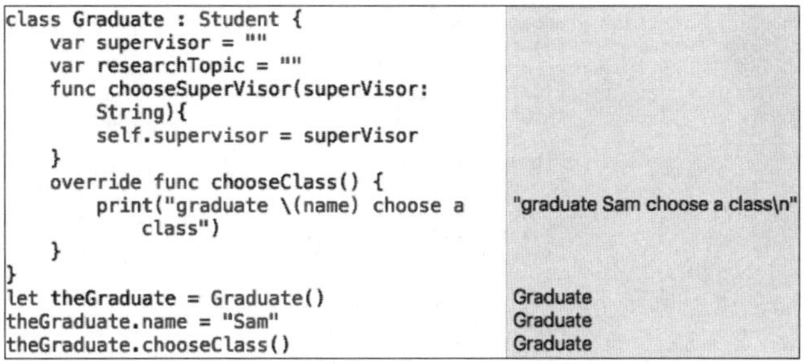

```
class Graduate : Student {
    var supervisor = ""
    var researchTopic = ""
    func chooseSuperVisor(superVisor:
        String){
        self.supervisor = superVisor
    }
    override func chooseClass() {
        print("graduate \(name) choose a          "graduate Sam choose a class\n"
            class")
    }
}
let theGraduate = Graduate()                       Graduate
theGraduate.name = "Sam"                           Graduate
theGraduate.chooseClass()                          Graduate
```

图 2-74　重载方法

在子类中也可以重载父类的实例属性和类属性，为其提供新的 getter 和 setter 方法，并添加属性观察器。

在重载父类的属性时，子类需要把它的名字和类型都写出来，这样编译器就会去匹配重载的属性和父类中同名同类的属性。如果要将父类中的只读属性重载为一个读写属性，只需要在子类中为该属性提供 getter 和 setter 方法即可。但是，不能将一个父类的读写属性重载为一个只读属性。也就是说，如果在重载父类属性时提供了 setter 方法，就一定要提供 getter 方法。如果不想在子类重载属性 property 的 getter 方法中修改属性值，可以直接通过 super.property 返回属性值。

如图 2-75 所示，修改基类 Student 的子类 Graduate 的定义，重载类 Student 中的计算属性 basicInfo。在这里，重写了 basicInfo 的 getter 方法，通过 super.basicInfo 调用父类 Student 中的 getter 方法，返回父类的 basicInfo 的内容，然后再拼接上新的信息，即导师和研究方向。创建类 Graduate 的实例，并对相关属性赋值，最后获取 basicInfo 的内容。系统输出显示，实例 theGraduate 的 basicInfo 不仅包含了父类 Student 中 basicInfo 的内容，还包含了新增的导师和研究方向的内容。

在子类中重载一个属性的时候，还可以为该属性增加属性观察器，这样就可以监控该属性值的变化了。如图 2-76 所示，在类 Student 的子类 theGraduate 中重载了存储属性 age，为其增加了属性观察器 didSet 和 willSet。当属性 age 发生变化时，会触发属性观察器打印出相应的信息。Graduate 的实例 theGraduate 将 age 设置为 25，在其设置之前触发 age 的属性观察器 willSet，并打印 original age will be set to 25。当对 age 的赋值完成后，又会触发属性观察器 didSet，并打印 age is set from 0 to 25。

这里需要注意的是，不能为继承来的常量存储属性或只读计算属性增加属性观察

```
class Graduate : Student {
    var supervisor = ""
    var researchTopic = ""
    override var basicInfo : String {
        return super.basicInfo + ",
            supervisor is \(supervisor),
            research topic is \
            (researchTopic)"
    }
    func chooseSuperVisor(superVisor:String){
        self.supervisor = superVisor
    }
    override func chooseClass() {
        print("graduate \(name) choose a
            class")
    }
}
let theGraduate = Graduate()
theGraduate.name = "Sam"
theGraduate.age = 25
theGraduate.id = "SY06011125"
theGraduate.supervisor = "Ian"
theGraduate.researchTopic = "PetriNet"
theGraduate.basicInfo

Sam is 25 years old, the id is SY06011125, supervisor
is Ian, research topic is PetriNet
```

图 2-75　属性重载

```
class Graduate : Student {
    var supervisor = ""
    var researchTopic = ""
    override var age : Int {
        didSet {
            print("age is set from \(oldValue)          "age is set from 0 to 25\n"
                to \(age)")
        }
        willSet {
            print("original age will be set to          "original age will be set to 25\n"
                \(newValue)")
        }
    }
    override var basicInfo : String {
        return super.basicInfo + ", supervisor
            is \(supervisor), research topic is
            \(researchTopic)"
    }
    func chooseSuperVisor(superVisor:String){
        self.supervisor = superVisor
    }
    override func chooseClass() {
        print("graduate \(name) choose a
            class")
    }
}
let theGraduate = Graduate()                             Graduate
theGraduate.name = "Sam"                                 Graduate
theGraduate.age = 25                                     Graduate
```

图 2-76　增加重载属性的观察器

器,因为这些属性的值是不能被修改的,所以也不会发生改变。

　　前面介绍了各种子类重载父类特性的例子,那么,如果不想让父类的特性被子类重载,该怎么办呢? Swift 提供了 final 关键字,可以用它标示出那些不想被子类重载的特性。对于父类的特性,包括方法、属性以及下标,都可以在其定义的前面加上关键字 final,即可禁止子类重载父类的这些特性。如果子类重载了父类的标识为 final 的特性,系统将会报错。如果不想让一个类被继承,也可以在该类定义的关键字 class 前加上 final,从而禁止该类被继承。

2.9　构造与析构

构造就是在使用类、结构体或枚举类型的实例前,要先通过构造器来设置每个存储属性的初始值,同时执行其他必要的设置初始化工作。这种初始化工作可以通过构造器来实现。在 Swift 中构造器不需要返回值,它的主要任务就是为新实例的第一次使用做好准备工作。

1. 默认构造器

在创建类和结构体的实例时,所有的存储属性都应该有合适的初始值。在前面的章节,通过在定义属性的时候为其赋初始值实现这一点。本节介绍通过构造器为存储属性赋初始值的方式。需要注意的是,在为属性赋初始值的时候是不会触发任何属性观察器的。

在创建一个类型的实例时,构造器会被调用。最简单的构造器格式为

```
init() {
    initialization process
}
```

构造器要以关键字 init 来命名,可以不带任何参数。

如图 2-77 所示,仍以基类 Student 为例,为其增加一个最简单的默认构造器 init,去掉原来的直接在存储属性定义中赋值的部分。创建一个 Student 的实例 theStudent,不需要传入任何参数。从系统执行结果可以看出,默认构造器 init 对实例中的存储属性进行了正确的初始化。

2. 自定义构造器

除了前面介绍的不带参数的默认构造器以外,也可以自定义构造器,并定义构造

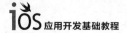

```
class Student {
    var name : String
    var age : Int
    var id : String
    var basicInfo : String {
        return "\(name) is \(age) years old,
            the id is \(id)"
    }
    init(){
        name = "no name"
        age = 16
        id = "no id"
    }
}

var theStudent = Student()

    name "no
    age 16
    id "no id"
```

图 2-77　基类的默认构造器

器参数,包括参数的类型和名字。如图 2-78 所示,在上例的基础上增加了两个自定义
构造器。这两个自定义构造器的区别在于参数列表不同,第一个自定义构造器有两个
参数,分别为 name 和 age。第二个自定义构造器有 3 个参数,分别为 name、age 和 id。

```
class Student {
    var name : String
    var age : Int
    var id : String
    var basicInfo : String {
        return "\(name) is \(age) years old,
            the id is \(id)"
    }
    init(){
        name = "no name"
        age = 16
        id = "no id"
    }
    init(name : String, age : Int){
        self.name = name
        self.age = age
        self.id = "no id"
    }
    init(name : String, age : Int, id :
        String){
        self.name = name
        self.age = age
        self.id = id
    }
}
```

图 2-78　自定义构造器

如图 2-79 所示,创建两个实例,分别为 theStudent 和 anotherStudent。实例
theStudent 在创建的时候提供了两个参数的值：name 为"Tom",age 为 25,在初始化实例
的时候,根据参数列表自动匹配并调用第一个自定义构造器。实例 anotherStudent 在创
建的时候提供了 3 个参数值：name 为"Sam",age 为 29,id 为"BY0602115",在初始化

实例的时候，同样根据参数列表自动匹配并调用第二个自定义构造器。

```
var theStudent = Student(name: "Tom", age:
    25)
    name "Tom"
    age 25
    id "no id"
var anotherStudent = Student(name: "Sam",
    age: 29, id: "BY0602115")
    name "Sam"
    age 29
    id "BY0602115"
```

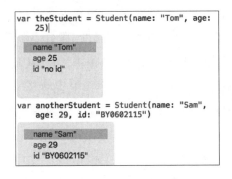

图 2-79 自定义构造器的实例

在构造器中，参数也存在构造器内部使用的参数名和在调用构造器时使用的外部参数名。如果在定义构造器的时候没有提供参数的外部名称，那么系统会自动为每个参数自动生成一个跟内部名称同名的外部名称。如图 2-79 所示，两个自定义构造器中都只定义了内部参数名，没有显式定义外部参数名，但是在图 2-80 的实例创建中，系统为这两个自定义构造器提供了默认的外部参数名，即与内部参数名同名的外部参数名。

当不想为构造器的某个参数提供外部名称的时候，也可以使用下画线“_”来表示该参数的外部名称。如图 2-80 所示，用下画线的方式标注了构造器 init 的外部参数名。在创建实例的时候就不再需要提供外部参数名了。

```
class Student {
    var name : String
    var age : Int
    var id : String
    var basicInfo : String {
        return "\(name) is \(age) years old,
            the id is \(id)"
    }
    init(_ name : String, _ age : Int, _ id :
        String){
        self.name = name
        self.age = age
        self.id = id
    }
}

var anotherStudent = Student("Sam", 29,
    "BY0602115")
    name
    age 29
    id
```

图 2-80 下画线标注构造器外部参数名

虽然省略外部参数名使创建实例的语句看起来简洁，但是会降低代码的可读性。而且使用系统默认的外部参数也非常方便，所以建议读者尽量不要省略外部参数名。

如果类型定义中包含一个允许值为空的属性，那么必须将其定义为可选类型。系统会自动为可选类型的属性初始化，初始化后值为 nil。对于可选类型的属性，不需要在构造器中初始化。如图 2-81 所示，将 Student 类中的存储属性 id 改为字符串可选类型的，那么在构造器中就不需要为其初始化了。在创建实例 theStudent 时，系统会自动将其初始化为 nil。

```
class Student {
    var name : String
    var age : Int
    var id : String?
    var basicInfo : String {
        return "\(name) is \(age) years old,
            the id is \(id)"
    }
    init(){
        name = "no name"
        age = 16
    }
    init(name : String, age : Int){
        self.name = name
        self.age = age
    }
}

var theStudent = Student(name: "Tom", age:
    25)

    name "Tom"
    age 25
    nil
```

图 2-81　类中可选类型属性的初始化

在构造器中可以修改常量属性的值，但是一旦初始化完成，常量属性的值将永远不能被改变。如图 2-82 所示，将 Student 类中定义的存储属性 id 修改为常量。在实例化 Student 类之后，再对常量属性 id 进行赋值，编译器会直接报错。

3. 构造器代理

在定义复杂的构造器的时候，可以通过调用已经定义的构造器来完成部分构造工作，从而简化重复代码，这个过程称为构造器代理。值类型和引用类型的构造器代理的实现方式有所不同，这里先介绍值类型的构造器代理。

值类型的构造器代理只能提供给类型本身的构造器使用。通过 self.init 在自定义的构造器中调用类型中已经定义的其他构造器。如图 2-83 所示，代码中给出了结构体类型 Student 的定义。注意，这里是结构体类型，所以 Student 是值类型；如果是

```
class Student {
    var name : String
    var age : Int
    let id : String
    var basicInfo : String {
        return "\(name) is \(age) years old,
            the id is \(id)"
    }
    init(){
        name = "no name"
        age = 16
        id = ""
    }
    init(name : String, age : Int, id :
        String){
        self.name = name
        self.age = age
        self.id = id
    }
}

var theStudent = Student(name: "Tom", age:
    25, id: "BY0602115")
theStudent.id = "BY0602116"
                        Cannot assign to property: 'id' is a 'let' constant
```

图 2-82　类中的常量属性

```
struct Student {
    var name : String
    var age : Int
    var id : String
    var basicInfo : String {
        return "\(name) is \(age) years old,
            the id is \(id)"
    }
    init(){
        name = "no name"
        age = 16
        id = ""
    }
    init(N name : String, A age : Int){
        self.name = name
        self.age = age
        id = ""
    }
    init(name : String, age : Int, id :
        String){
        self.init(N : name, A : age)
        self.id = id
    }
}

let theStudent = Student(name: "Sam", age:
    28, id: "BY0601115")

    name
    age 28
    id
```

图 2-83　构造器代理

Student 是类，则是引用类型了。在结构体 Student 中给出了 3 个构造器，在第三个构造器的实现过程中，通过 self.init 语句实现了对第二个构造器的调用。

引用类型里的所有存储属性，包括从父类继承的属性，都必须在构造器中初始化。

这里的引用类型主要指类。Swift 中有两种引用类型构造器,分别为指定构造器和便利构造器。

指定构造器是类中最主要的构造器,它负责初始化类中定义的所有属性,并调用父类的构造器来实现父类中属性的初始化。每个类都必须有一个指定构造器。

便利构造器是类中一个重要的辅助构造器。它可以调用同一个类中的指定构造器。

指定构造器的定义格式为

```
init(parameters list) {
    statements
}
```

便利构造器的定义格式和指定构造器基本相同,只是在 init 前面多了关键字 convenience,具体格式为

```
convenience init(parameters list) {
    statements
}
```

对于指定构造器和便利构造器的使用,Swift 中有 3 个规则:

(1) 指定构造器必须调用其直接父类的指定构造器。

(2) 便利构造器必须调用同一个类中的其他构造器。

(3) 便利构造器必须以调用一个指定构造器结束。

这 3 条规则可以理解为,指定构造器是纵向代理,即向父类代理。便利构造器则是横向代理,即向同一个类中的构造器代理。

在 Swift 中,子类是不会自动继承父类的构造器的,需要使用关键字 override 来重载父类的构造器。

如图 2-84 所示,基类 Student 中有两个构造器。一个为默认构造器,不含有任何参数;另一个为便利构造器,提供了 3 个参数。在便利构造器的实现中,必须通过 self. init 调用其指定构造器。另外,这个构造器必须声明为便利构造器,这一点和值类型的同名但不同参数的构造器定义是不一样的。

如图 2-85 所示,定义 Student 类的子类 Graduate。其中,定义了两个构造器。第一个构造器重载了父类的构造器,所以加上了关键字 override,并在实现中调用了父

```
class Student {
    var name : String
    var age : Int
    var id : String
    var basicInfo : String {
        return "\(name) is \(age) years old,
            the id is \(id)"
    }
    init(){
        name = "no name"
        age = 16
        id = ""
    }
    convenience init(name : String, age :
        Int, id : String){
        self.init()
        self.name = name
        self.age = age
        self.id = id
    }
}
```

图 2-84　默认构造器和便利构造器

```
class Gradute : Student {
    var supervisor : String
    var researchTopic : String
    override init() {
        supervisor = ""
        researchTopic = ""
        super.init()
    }
    convenience init(name : String, age :
        Int, id : String,supervisor : String,
        researchTopic : String) {
        self.init(name : name, age : age,
            id : id)
        self.supervisor = supervisor
        self.researchTopic = researchTopic

    }
}
```

图 2-85　重载父类构造器

类的指定构造器。第二个构造器是便利构造器,通过调用同一个类中的构造器初始化部分属性。

图 2-86 显示了子类 Graduate 实例创建后的所有属性的初始化值。

```
var theGraduate = Gradute(name : "Tom", age :
    29, id : "BY0602115",supervisor: "Ian",
    researchTopic: "Petri net")

▼{name "Tom", age 29, id "BY0602115"}
    name "Tom"
    age 29
    id "BY0602115"
    supervisor "Ian"
    researchTopic "Petri net"
```

图 2-86　实例初始化

4．析构器

只有属于引用类型的类才有析构器。当一个类的实例使用结束，要被释放之前，析构器就会被调用。定义析构器要使用关键字 deinit，定义方式和构造器类似。每个类最多只能有一个析构器，析构器不带任何参数，具体格式如下：

```
deinit {
    release some resource
}
```

Swift 会自动释放不再需要的实例资源，而不需要手动清理。但是，当使用自己的资源时，就需要在析构器里进行一些额外的清理工作了。例如，创建了一个自定义的类来打开一个文件并写入了一些数据，此时就需要通过析构器在类实例被释放之前手动关闭该文件。

析构器不允许被主动调用，它是由系统在释放实例资源前自动调用的。子类会继承父类的析构器，在子类析构器实现的最后部分，父类的析构器会被自动调用。如果子类没有定义自己的析构器，父类的析构器也会被自动调用。由于析构器被调用时实例资源还没有被释放，所以析构器可以访问所有请求实例的属性。

如图 2-87 所示，在本例中首先分别为父类 Student 和子类 Graduate 增加了析构器，在析构器里打印该该类析构器被调用的信

```
class Student {
    var name : String
    var age : Int
    var id : String
    var basicInfo : String {
        return "\(name) is \(age) years old,
            the id is \(id)"
    }
    init(){
        name = "no name"
        age = 16
        id = ""
    }
    convenience init(name : String, age :
        Int, id : String){
        self.init()
        self.name = name
        self.age = age
        self.id = id
    }
    deinit {
        print("call deinit of Class Student")
    }
}
class Gradute : Student {
    var supervisor : String
    var researchTopic : String
    override init() {
        supervisor = ""
        researchTopic = ""
        super.init()
    }
    convenience init(name : String, age :
        Int, id : String,supervisor : String,
        researchTopic : String) {
        self.init(name : name, age : age,
            id : id)
        self.supervisor = supervisor
        self.researchTopic = researchTopic
    }
    deinit {
        print("call deinit of Class
            Graduate")
    }
}
var theGraduate : Gradute? = Gradute(name :
    "Tom", age : 29, id : "BY0602115",
    supervisor: "Ian", researchTopic: "Petri
    net")
theGraduate = nil
    call deinit of Class Graduate
    call deinit of Class Student
```

图 2-87　析构器实例

息。然后创建一个 Graduate 类的实例，该实例为可选类型，即实例的值可能为空。接下来将 nil 赋值给实例 theGraduate，此时系统首先调用基类 Student 的析构器，然后调用子类 Graduate 的析构器，最后调用自动释放实例资源的程序。

第 3 章
视　　图

视图是构建 iOS App 的基础和核心。所有的 App 都是由一个或多个视图组成的。而视图控制器则用来管理视图的所有相关事务,包括定义视图的用户界面、处理视图间的交互以及管理视图与数据间的交互。本章主要介绍视图的相关概念和基础知识,并通过实例帮助读者加深理解。后面几章将在视图的基础上,进一步结合实例来介绍最常用的视图控件,包括文本编辑框、导航控制器、集合视图、Web 视图、表单等。

3.1　多层结构

在 iOS App 中,使用 Window(视窗)对象和 View(视图)对象将应用系统的界面呈现到屏幕上。视窗是视图的基础容器,它是不可见的。视图定义了屏幕上可见的部分。任何一个应用至少有一个视窗和一个视图。系统自带的 UIKit 等框架提供了大量可以直接使用的视图,从简单的按钮(button)和文本标签(label)到复杂的表单(tableview)、选择框(pickerview)以及滚动条(scroll view),覆盖了绝大多数应用场合的需要。另外,还可以根据系统特定的需求来定制视图。

UIView 是视图的基类。视图负责管理应用系统的矩形区域,包括绘制界面、处理多触点事件以及子视图(subview)的布局。

一个视图除了显示自己的内容外,还可以作为其他视图的容器,从而显示更加复杂的内容。当一个视图包含另一个视图时,称这种关系为父子关系,其中作为容器的视图称为父视图,加入容器中的视图称为子视图。在编码中,子视图表示为 subview,而父视图表示为 superview。在界面显示的时候,如果子视图是不透明的,那么父视图中子视图所占的部分会被覆盖。如果改变一个父视图的尺寸,那么父视图中所有的子视图的尺寸和相对位置都会受到影响。后面再结合具体实例讨论。

视图经过层层嵌套会形成一个视图的多层结构,其中根节点为视窗。图 3-1 为一个实例的视图的多层结构。在视图的多层结构中,由父视图来定义其子视图的相对位置和尺寸。

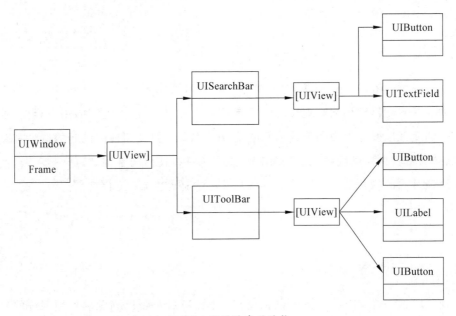

图 3-1　视图的多层结构

在构建用户界面时,往往要使用多个视图来搭建,每一个视图负责界面的一部分区域和显示特殊的内容。如图 3-1 所示,根视图是 UIWindow,在根视图容器中放入 UIView。以 UIView 作为容器,在里面加入视图 UISearchBar 和 UIToolBar。在 UISearchBar 中放入一个 UIView 容器,在这个 UIView 容器中再放入视图 UIButton 和 UITextField。在 UIToolBar 中也放入一个 UIView 容器,在这个 UIView 容器中放入视图 UIButton、UILabel。其中,选用文本框 UITextField 来输入用户名和密码,选用按钮 UIButton 来接收"确认"动作,选用 UILabel 来显示文本信息。而 UIView、

UISearchBar 和 UIToolBar 都是容器。这些视图共同显示一个完整的用户界面,它们之间的嵌套关系构成视图的多层结构。

　　在多层结构的视图中,当一个子视图区域内发生了一个触碰动作,系统会将这个触碰事件信息直接发送给这个子视图来处理。如果子视图没有处理这个动作,那么这个触碰事件将会传递给子视图的父视图来处理。以此类推,触碰事件会一级一级向上传递,直到被处理。

　　视图的坐标系统如图 3-2 所示,坐标原点(0,0)在屏幕的左上角,x 坐标轴为自左向右,y 坐标轴为自上而下。坐标值为浮点型数,从而可以支持精确的定位。每一个视图,无论是父视图还是子视图,在视图内部都遵循图 3-2 的坐标系统定义,不同的是,屏幕的坐标是绝对坐标,而子视图的坐标是相对坐标。

图 3-2　视图的坐标系统

3.2　创建视图

　　可以通过两种方式来创建视图:Interface Builder 和编码。在第 1 章的"Hello World!"实例中,就采用了 Interface Builder 来创建视图。Interface Builder 是 Xcode 提供的一个强大的所见即所得的应用程序界面构建工具,通过拖曳视图控件并在属性编辑面板中设置属性值,即可快速完成一个复杂应用程序界面的构建。

　　通过 Interface Builder 来构建应用程序界面是最简便的方式,也是目前最受广大开发者青睐的方式。

　　在 Interface Builder 中,可以直接向界面中添加视图,并且设置视图在界面中所处的层次。选中要编辑的目标视图,就可以方便地通过视图的属性编辑面板来设置视图的各项属性值,以及将视图的各种行为与编写好的行为处理代码关联起来。由于在 Interface Builder 中编辑的视图都是某个视图类的实例,因此在设计阶段对其进行的编辑结果(属性和行为关联)将会被保存到一个 nib 文件(用于保存对象状态和属性)中,从而保证视图在设计时和运行时保持一致。

　　第 1 章中的"Hello World!"就是一个最简单的用 Interface Builder 构建应用实例

页面的例子。本书中后面的章节都将主要使用这种方式来构建用户界面。

采用编码方式创建视图，对于初学者来说有一定难度，在本书中不进行介绍，感兴趣的读者可以查阅苹果公司官方文档进行学习。

3.3 视图控制器

3.2 节介绍了视图，也就是 MVC 设计模式中的"V"，本节接着讨论 MVC 中的"C"，即视图控制器（View Controller）。视图控制器是 MVC 架构中的核心，也是应用程序的关键所在。任何一个应用程序都有一个或多个视图控制器，每一个视图控制器负责管理一部分用户界面及其行为与数据的交互。另外，视图控制器还负责不同用户界面之间的切换动作。由此可知，应用程序的核心设计就在于视图控制器代码的编写。

类 UIViewController 定义了一系列的方法和属性，用来管理视图，处理事件，切换视图控制器，以及协同应用程序的各个模块。在设计应用程序时，可以通过继承 UIViewController 类生成子类（subclass），并在子类中添加自定义代码来实现应用程序的独特行为。

视图控制器一般可以分为两类：

（1）内容视图控制器，管理所有它的视图，包括根视图及子视图。

（2）容器视图控制器，只管理它自己的视图，即根视图。

下面详细介绍视图控制器在应用程序中的主要功能。

1. 管理视图的多层结构

每一个视图控制器都有一个唯一的根视图，而根视图通常对应着多个子视图。图 3-3 为视图控制器与多层视图的关系。视图控制器总有一个引用指向它的根视图，每个视图都有一个或多个强引用指向其子视图，视图控制器通过这种方式多层结构的视图进行管理。

2. 数据调度

作为视图和数据模型之间的媒介，视图控制器的基类 UIViewController 提供了

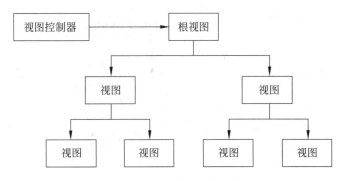

图 3-3 视图控制器与多层视图的关系

一系列属性和方法来管理应用程序界面的可视化呈现。在开发视图控制器时，需要继承 UIViewController 来生成子类，然后在子类中定义需要使用的新的数据变量。图 3-4 中的视图控制器为内容视图控制器，它不仅有指向自定义数据对象的引用，而且还有指向根视图的引用，从而协调数据模型与视图的信息。

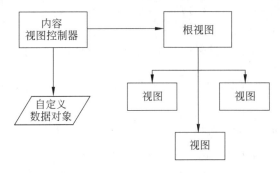

图 3-4 视图控制器协调数据模型与视图的信息

另外，视图控制器还要负责所有相关视图（根视图和子视图）的用户交互事件的处理、管理视图资源的创建和释放以及视图在不同硬件环境下显示的适配问题。

在 3.1 节中介绍了视图的多层结构，这里介绍每个视图所对应的视图控制器所构成的视图控制器多层结构。如图 3-5 所示，用户界面由 3 个视图组成，分别为一个容器视图和两个内容视图——容器视图 A 和容器视图 B。视图 A 和视图 B 分别显示用户界面的一部分，而容器视图则是视图 A 和视图 B 的容器，用来盛放这两个视图。这 3 个视图共同构成了视图的多层结构。这里，根视图为容器视图，子视图为视图 A 和视图 B。为了管理视图，每一个视图又都对应着一个视图控制器，其中容器视图的视

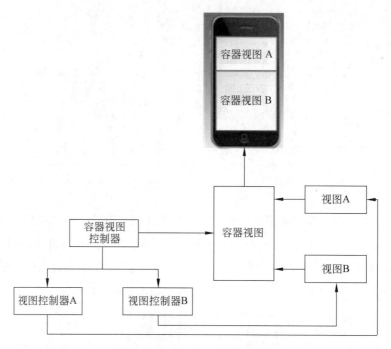

图 3-5　视图控制器的多层结构

图控制器为容器视图控制器,视图 A 的视图控制器为视图控制器 A,视图 B 的视图控制器为视图控制器 B。

前面介绍了根视图、容器视图和内容视图,下面继续介绍不同的视图控制器,分别为根视图控制器、容器视图控制器、当前显示的视图控制器和显示过的视图控制器。

每个应用程序对应一个视窗,而视窗本身是不可见的,也没有可显示的内容。每个视窗都仅有一个根视图控制器,它负责用根视图绘制整个视窗的界面。根视图控制器定义了应用程序启动时呈现给用户的初始界面内容。图 3-6 显示了根视图控制器与视窗之间的关系。

容器视图控制器主要用来组合复杂的用户界面,并且使该界面易于维护和重用。容器视图控制器将一个或多个子视图控制器的内容组合到一起,形成最终的用户界面。常见的容器视图控制器有 UINavigationController、UISplitViewController 和 UIPageViewController。

容器视图控制器所对应的视图总是将其所在的空间占满。容器视图控制器在视窗中通常作为根视图控制器,有时也可以作为内容视图来呈现,也可以作为别的容器

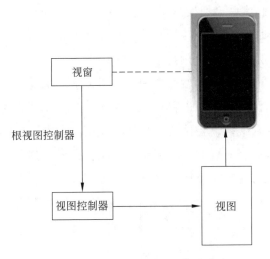

图 3-6　根视图控制器与视窗的关系

视图的一部分来使用。如图 3-7 所示，容器视图控制器负责控制它的两个子视图的相对位置。子视图控制器并不需要知道其他子视图以及容器的相关信息，它只需要管理自己的视图即可。

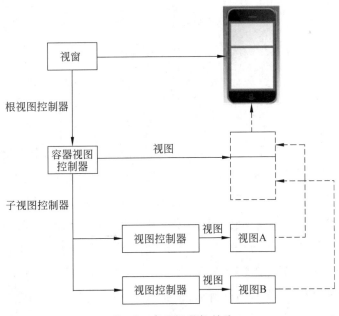

图 3-7　容器视图控制器

　　应用程序运行时,常常会切换不同的显示界面,用一个新的界面替换当前正在显示的界面。切换界面是为了显示不同内容而经常进行的动作。例如,为了登录系统,常常需要在当前界面上弹出一个用户输入账号的页面。当切换当前显示界面时,就会创建一个即将显示的视图与当前视图之间的引用关系。如图 3-8 所示,根视图为视图 A,根视图控制器为视图 A 对应的视图 A 控制器。初始时,界面显示的是视图 A。当要显示视图 B 时,会为视图 A 控制器和视图 B 控制器创建一对互相引用关系,然后用视图 B 替换视图 A,视图 B 成为当前显示的视图。同样,当要显示视图 C 时,也会为视图 B 控制器和视图 C 控制器创建一对互相引用关系,然后用视图 C 替换视图 B,视图 C 成为当前显示的视图。当视图 C 用完后,利用创建的引用关系,可以管理视图有序地切换回去。

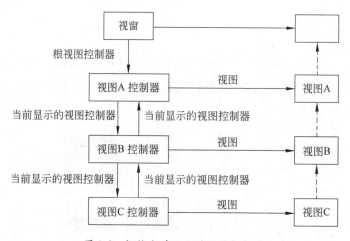

图 3-8　切换当前显示的视图控制器

　　在应用程序运行过程中,在用户界面上处于显示状态的视图会不断切换。与此同时,视图控制器会自动调用不同的方法来响应视图当前的状态变化。例如,当视图将要显示到屏幕上时调用方法 viewWillAppear(_:)来为视图做一些准备工作(例如初始化视图中要显示的内容);当视图将要从屏幕上消失时调用方法 viewWillDisappear(_:)来保存变化或者状态信息等。另外,当视图显示到屏幕上以后将调用方法 viewDidAppear(_:),而当视图从当前显示状态切换到后台时将调用方法 viewDidDisappear(_:)。如图 3-9 所示,在应用运行中,视图的状态会在即将显示、已经显示、即将消失和已经消失这 4 个状态之间不断地切换。

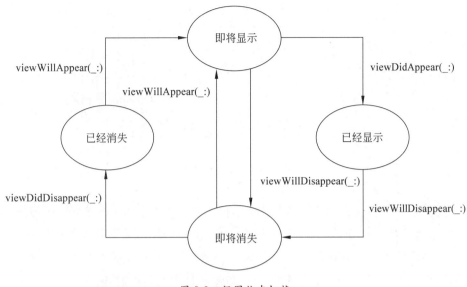

图 3-9　视图状态切换

3.4　MVC 设计模式

MVC(Model-View-Controller,模型-视图-控制器)是一个经典的设计模式,有广泛的应用,特别是在面向对象的程序设计中。MVC 设计模式通过灵活的接口定义,为程序提供了很好的可重用性和可扩展性。

MVC 设计模式将一个应用中的对象按照其作用分配到 3 个不同抽象层中,即模型层、视图层和控制层。MVC 不仅规定了应用中每一个抽象层的对象的行为,也定义了不同抽象层的对象之间的通信方式。MVC 的一个抽象层就是同类对象的集合。

如图 3-10 所示,控制器(代表控制层)负责与视图层和模型层的通信。视图层是应用系统与用户交互的窗口,它收集用户行为,并将其汇报给控制器。控制器根据视图层汇报过来的用户行为,将信息更新(或查询)的指令传达给模型层。模型层根据控制器发过来的指令对相关数据进行更新(或查询),并将处理结果反馈给控制器。控制器再根据模型层反馈的信息,发送信息更新的指令给视图层。最终,由视图层将更新的结果展示给用户。

在 MVC 设计模式中,有两点需要注意:

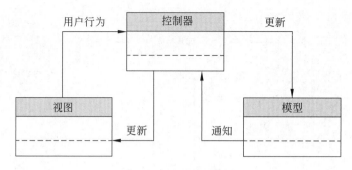

图 3-10　MVC 设计模式

（1）MVC 中的每一个抽象层通常都是由一系列对象构成的（极端情况为每一层仅有一个对象）。不同抽象层之间的通信实际上是不同抽象层中对象之间的通信。

（2）MVC 将应用系统的行为划分成 3 个抽象层次，确实增加了系统复杂度和代码规模，但是大大提高了系统的可重用性、可维护性以及可扩展性。

MVC 是苹果应用系统设计中的核心架构。采用 MVC 模式来设计苹果应用系统，主要基于以下考虑：由于移动应用系统开发中需求变化频繁，对快速迭代开发要求高，这就要求系统中大部分对象都要有很好的可重用性和可维护性，同时应用系统本身还要有很好的可扩展性。另外，苹果官方的 Cocoa 体系架构就是基于 MVC 设计模式的，在苹果应用系统的开发过程中，会大量使用 Cocoa 提供的 API，为了使用应用系统无缝地与 Cocoa API 协同，应用系统的设计也要使用 MVC 设计模式。

下面依次讨论 MVC 中的模型层、视图层和控制层。

模型层由一系列模型对象组成。模型对象封装了对数据的定义、计算以及各种操作。一个模型对象可以描述一个系统设置信息，也可以表示通信录中的一个联系人信息。一个模型对象可以与其他模型对象之间有一对一或者一对多的关系。因此，模型层可以表示为一系列模型对象的关系图。应用系统中的大部分数据都应该存储于模型对象中，这些数据将在应用运行过程中被反复使用。

通常，一个模型对象不能直接和视图对象通信。视图对象要对数据进行修改时，只能通过控制层间接地操作模型对象。例如，当用户要对一个数据进行创建或者更新时，视图对象负责接收用户的行为，控制器对象负责通信（即接收特定视图对象的指令，并向特定的模型对象发送指令），模型对象负责执行对数据的操作。当该模型对象完成对数据的操作后，它负责将操作结果通知给对应的控制器对象，该控制器对象再通过相应的视图对象将结果呈现给用户。

视图层是由一系列用户可见的视图对象组成的。视图对象能够绘制自身和相应用户的动作。视图对象的主要作用是向用户展示模型层的数据，并向用户提供操作这些数据的接口。MVC 架构中的视图层是从模型层解耦出来的，视图对象具有很好的可重用性和可配置性，因而苹果官方可以向开发者提供包含标准化视图对象集合的开发框架 UIKit 和 AppKit。

视图层通过控制层与模型层进行通信。视图对象通过控制器对象获得模型对象中数据信息，并呈现给用户。

控制层是由一系列控制器对象组成的。一个控制器对象可以是一个或多个视图对象与一个或多个模型对象之间通信的媒介。视图对象通过控制器对象获得模型对象中的数据信息，并呈现出来。而模型层则通过控制层将对数据的操作结果反馈给视图对象。控制器对象还负责创建和协同应用中的任务，并对其他对象进行生命周期管理。

3.5　实例

本节通过一个简单的实例来讲解如何建立 MVC 架构的应用程序。

1. 应用程序的需求

本例为设计一个帮助用户记忆中国各个省会的小工具——"省会问答"①。该应用只有一个界面，设计草图如图 3-11 所示。在界面上有 3 行文字，第一行文字提出问题："请回答该省的省会："，然后显示省份的名称。第二行的内容是显示"省会是："，后面紧跟着省会的答案，初始状态显示"???"，当单击后面的"显示答案"按钮时，将会显示省会的名称。第三行是"下一题"按钮，用来切换到下一个省份的名称。

2. 应用设计

根据"省会问答"应用的设计草图，可以用 4 个 UILabel 视图的实例分别显示问题

---

① 为简化应用设计，本例将自治区按省处理，并且未包括直辖市和特别行政区。

请回答该省的省会： 河北

省会是： 石家庄　　显示答案

下一题

图 3-11 "省会问答"应用的界面

文本、省份名文本、提示文本以及省会名文本，然后再用两个 UIButton 视图的实例分别实现答案显示和题目切换。这 6 个视图实例都在同一个容器视图 UIView 的实例 View 中，它们负责与用户进行交互，共同构成了应用的视图层。

本例中要用到的数据是省份名和省会名，可以分别用两个字符串数组来保存。这两个数组就构成应用的模型层。

为了实现用户界面和数据模型之间的通信，还需要构建应用的控制层。这里视图结构比较简单，只有一个容器视图，因此只需要一个 UIViewController 的实例 ViewController，所有用户界面与数据模型之间的交互都由 ViewController 作为中介来协调处理。

如图 3-12 所示，模型层由两个字符串数组构成，分别为省份名的字符串数组 provincesArray、省会名的字符串数组 citiesArray。这两个数组的长度都是 28，分别表示 28 个省份和对应的 28 个省会。省份与其省会是通过数组的序号来对应的。例如，provincesArray[0]＝"河北"，citiesArray[0]＝"石家庄"。

视图层由两个 UIButton 和 4 个 UILabel 组成。两个 UIButton 在用户单击后分别响应两个动作——切换问题 shiftQuestion：和显示答案 presentAnswer：。四个

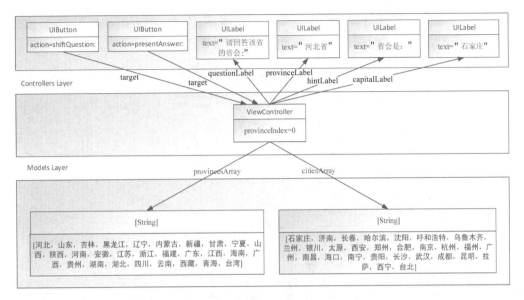

图 3-12　"省会问答"应用的 MVC 结构图

UILabel 分别用来显示信息,内容分别为"请回答该省的省会:"、省份名、"省会是:"和省会名。

　　控制层为视图控制器,它负责处理两个 UIButton 的单击事件,以及负责显示和更新 UILabel 的内容。在视图控制器中有一个属性 provinceIndex,用来标识当前显示的数组序号,从而定位数据模型中两个数组中对应的省份名和省会名。当用户单击"显示答案"按钮时,这个单击事件的接收对象指向视图控制器。视图控制器以 provinceIndex 的值作为索引,从 citiesArray[provinceIndex]取出当前省份对应的省会名,然后用该值来更新 capitalLabel 的显示内容。当用户单击"下一题"按钮时,这个单击事件的接收对象指向视图控制器。视图控制器将从 provincesArray 中取出下一个省份的名称,并用该值来更新 provinceLabel 的显示内容。

3. 创建应用项目

　　下面开始创建应用项目,在第 1 章的"Hello World!"中已经创建过应用项目了,这次只需要调整几个参数。

　　启动 Xcode 后,选择创建新的项目后,如图 3-13 所示,进入选择新项目模板的页面,这里选择 Single View Application 模板。该模板是 Xcode 中最简单的,它提供大

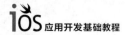
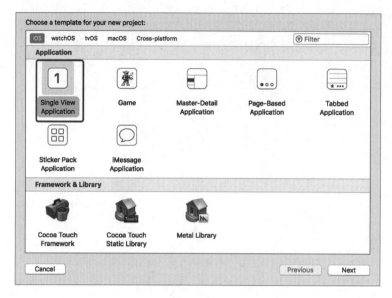

图 3-13　项目模板选择

多数应用程序所需要的主要控件和开发框架,开发人员只需要关注应用相关的业务逻辑开发,从而可以节省大量的代码编写时间。本书中所有的项目都使用该模板。

选择 Single View Application 模板后单击 Next 按钮,进入如图 3-14 所示的项目基本信息页面。其中,Product Name 为应用的名称,建议按照单词首字母大写的命名规则,本项目名为 CaptitalRemember。Language 为开发语言选项,这里选择 Swift,本书所有代码均采用该语言。Devices 为终端设备选项,这里选择 iPhone,本书的应用程序运行于苹果手机。读者可根据实际情况填写其他信息。

填写完项目基本信息后,单击 Next 按钮,进入项目文件保存位置的选择窗口,如图 3-15 所示。

选择好项目保存位置后,单击 Create 按钮创建项目,进入项目开发界面,如图 3-16 所示。左侧项目文件树的默认状态是选中项目根节点,对应中间区域显示项目的详细配置信息。到此为止,CapitalRemember 项目就创建完毕了。

4. 定义视图层

下面开始定义 MVC 架构中的视图层,也就是应用系统的用户交互界面。首先,在左侧的项目文件树中选中故事板文件 Main.storyboard 后,中间的窗口会同步显示 ViewControllerScene,即视图开发场景。

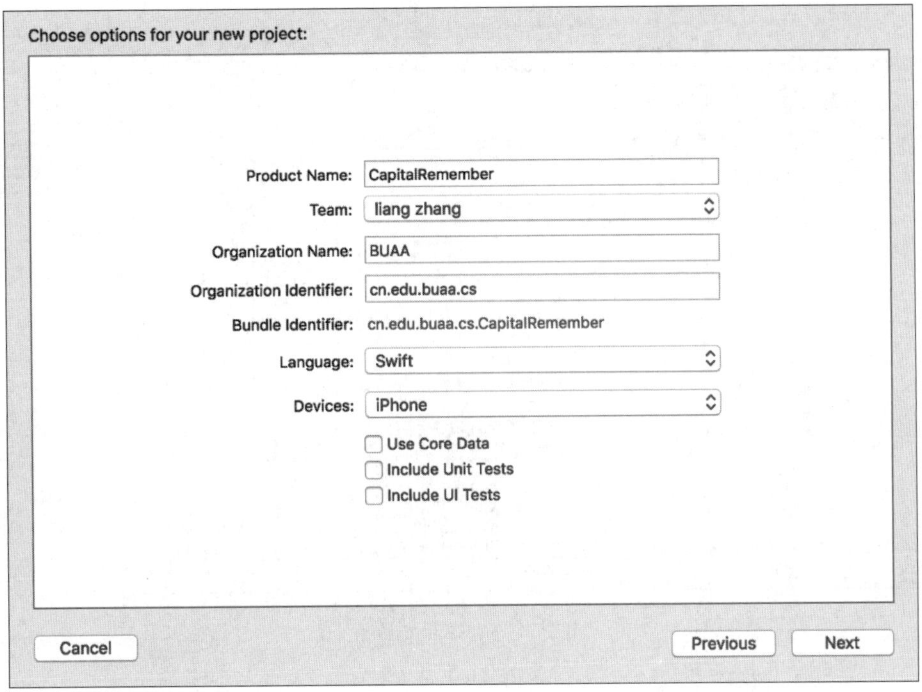

图 3-14　填写项目基本信息

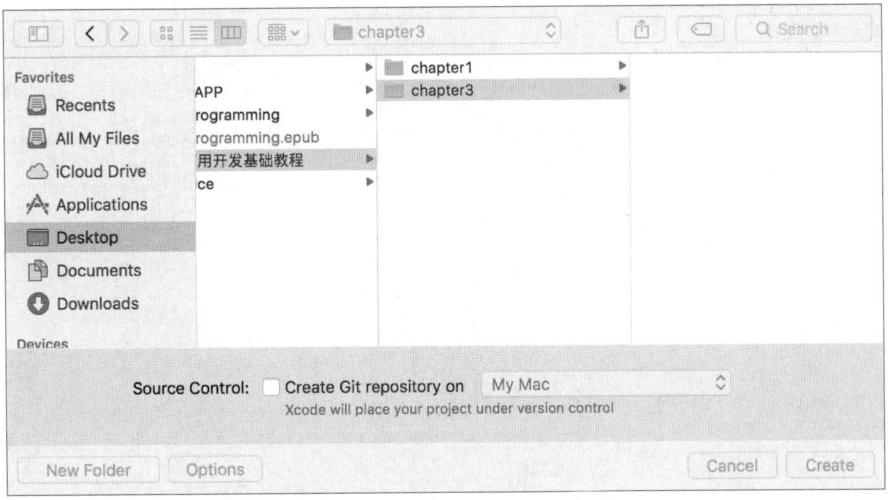

图 3-15　选择项目文件保存位置

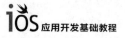
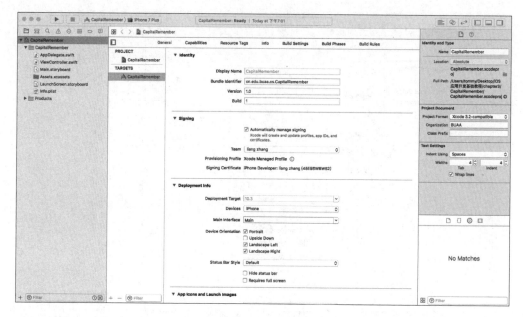

图 3-16　项目开发界面

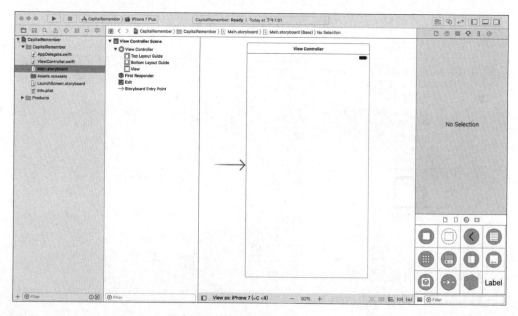

图 3-17　视图开发场景

在视图开发场景的文件树中找到 View Controller，然后选中其中的 View，如图 3-18 所示。此时就可以对视图的属性进行设置了。

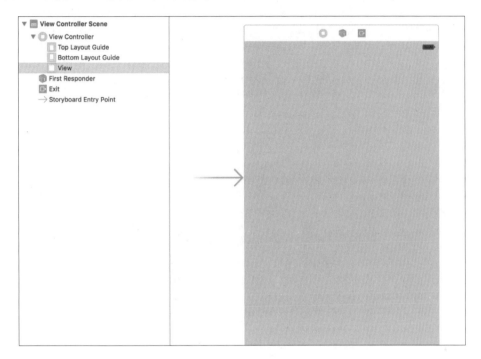

图 3-18　视图的设计画布

选中右侧画布中要设置的视图，选择"View as：iPhone7（wC hR）"，如图 3-19 所示，将视图设置成适配 iPhone7 的尺寸，具体的含义将在 8.3 节详细介绍。

图 3-19　设置成适配 iPhone 7 的尺寸

在窗口的最右侧为视图的属性面板及可视化控件库，如图 3-20 所示。

根据应用的设计草图，需要在视图中添加 4 个 UILabel 和两个 UIButton。如图 3-21 所示，先添加 UILabel，从可视化控件库中找到 Label，然后拖曳到中间的视图画布中。

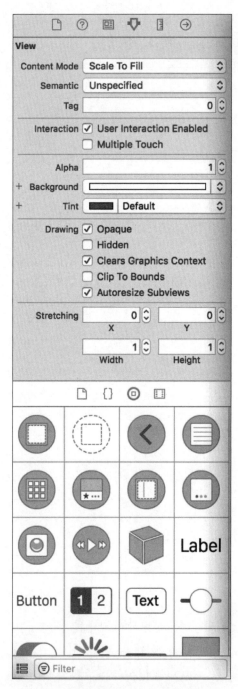

图 3-20　视图属性面板及可视化控件库

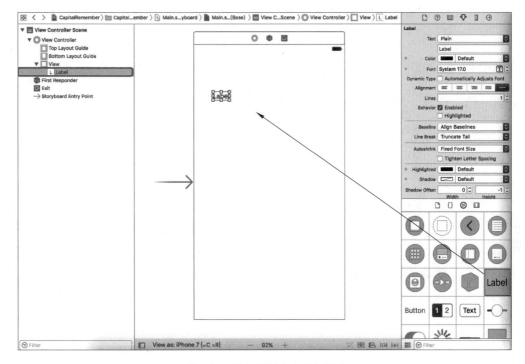

图 3-21　添加 UILabel 到视图中

　　依次将 4 个 Label 按照设计草图的布局拖入视图画布中。下一步将 4 个 Label 的显示文本改为与设计草图一致的中文字符。有两种方法可以设置 Label 的显示文本。一种方法是直接双击要修改的 Label，出现可编辑区域后直接输入中文字符，如图 3-22 所示。

　　修改 Label 显示文本的第二种方法是选中待修改的 Label，然后在右侧打开的 Label 属性面板中找到 text 属性进行修改，如图 3-23 所示。按照设计草图的文本依次修改 4 个 Label 后的界面如图 3-24 所示。

　　接着，添加两个 Button 到视图画布中，如图 3-25 所示。

　　添加完两个 Button 后，在 Button 的属性编辑面板中分别设置其 Text、Background 及 Font 属性，如图 3-26 所示。

　　设计完项目的视图层后，运行程序，看一下模拟器中的效果是否符合设计要求，如图 3-27 所示，单击运行按钮。这里选择的硬件设备是模拟器的设置。

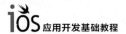

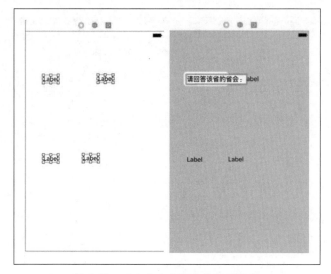

图 3-22　双击 Label 修改其显示文本

图 3-23　在属性面板中修改 Label 的 Text 属性

图 3-24 修改 4 个 Label 后的设计界面

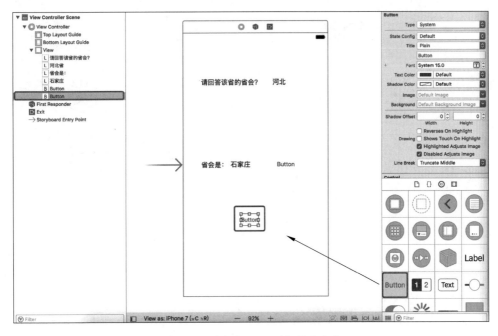

图 3-25 添加 Button 到视图画布中

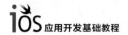

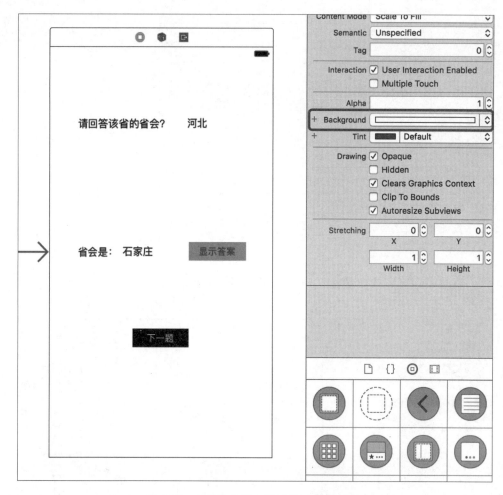

图 3-26 在属性面板中设置 Button 的属性

图 3-27 运行程序

5. 连接视图层与控制层

在确认视图层的运行结果和设计草图一致后,就可以开始编写控制层部分了。由于本项目采用了 Single View Application 模板,默认创建了一个视图及其视图控制器,所以不需要手动创建视图控制器了。打开故事板文件可以查看到这两个文件,并且这两个文件已经建立了关联关系。开发人员只需要连接视图层中新增加的视图控件到视图控制器类中(在 ViewController.swift 文件中),这样视图控制器就可以管理视图中的新增控件了。有好几种方式都可以实现视图层控件与控制层的连接,这里只介绍一种,如图 3-28 所示,单击连接按钮,将在视图的旁边打开 ViewController 类的文件。

图 3-28　连接视图层和控制层

视图画布中的 Label"河北"和 Label"石家庄"会随着用户的操作不断切换显示内容,这个工作将由视图控制器负责完成。这里就需要将这两个 Label 连接到 ViewController 类中。具体操作如图 3-29 所示,选中 Label 图形后,按住 Ctrl 键不放,同时按住鼠标左键由 Label 出发,拉出一根线到右侧的 ViewController 类的定义部分的空白处,然后松开鼠标左键,会弹出一个窗口。

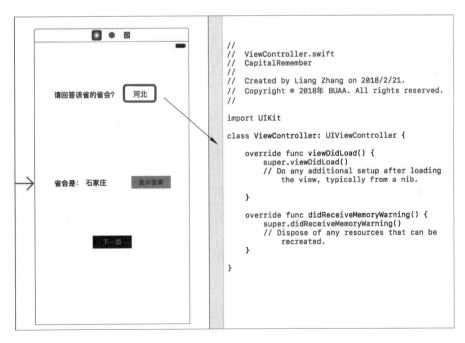

图 3-29　连接 Label 与 ViewController

弹出的对话框如图 3-30 所示，在这里要定义连接的属性：Connection 为出口 Outlet 类型，一般用于变量；Name 为 provinceLabel，这是显示省份名称的 Label 在 ViewController 类里对应的变量名。设置完成后单击 Connect 按钮，建立连接关系。

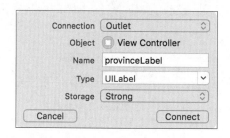

图 3-30　Outlet 连接属性设置对话框

建立完连接后的 ViewController 类定义如图 3-31 所示，可以看到在该类的声明部分增加了一行 provinceLabel 的变量定义。这里需要注意，在变量定义的左侧有一个圆圈，表示该变量为一个可以建立连接关系的变量，如果没有与某个视图控件建立连接关系，则为空心圆圈，反之为实心圆圈。

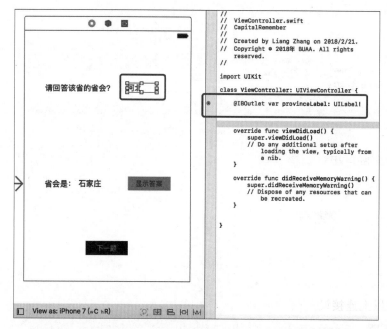

图 3-31　增加了 Label 连接的 ViewController 类的定义

继续为视图控件 Label“石家庄”建立连接关系,结果如图 3-32 所示。

```
//
// ViewController.swift
// CapitalRemember
//
// Created by Liang Zhang on 2018/2/21.
// Copyright © 2018年 BUAA. All rights
   reserved.
//

import UIKit

class ViewController: UIViewController {

    @IBOutlet var provinceLabel: UILabel!

    @IBOutlet var cityLabel: UILabel!


    override func viewDidLoad() {
        super.viewDidLoad()
        // Do any additional setup after
           loading the view, typically from
           a nib.
    }

    override func didReceiveMemoryWarning() {
        super.didReceiveMemoryWarning()
        // Dispose of any resources that can
           be recreated.
    }


}
```

图 3-32　增加了两个 Label 连接的 ViewController 类的定义

下面为两个按钮建立连接关系。按钮和标签稍有不同,标签需要在运行过程中根据用户操作来改变 Text 属性值,因此需要建立 Outlet 连接,在 ViewController 中增加一个变量定义;而按钮需要接收用户的点击动作,并做相应的事件处理。因此,在连接属性设置窗口中,Connection 设置为 Action,表示该连接为一个动作处理函数;Name 为 presentAnswer,这是动作处理函数名;Type 为 UIButton,表示发送方的类型。

按钮“显示答案”的连接属性设置如图 3-33 所示,设置完单击 Connect,创建连接。

按钮“下一题”的连接属性设置如图 3-34 所示,设置完成后,单击 Connect 按钮,创建连接。

完成以上连接设置后的 ViewController 类的定义如图 3-35 所示,在声明部分多了两个变量——provinceLabel 和 cityLabel 的定义,另外,还增加了两个函数——presentAnswer(_ sender：UIButton)和 shiftQuestion(_ sender：UIButton)的定义,

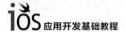

函数体均为空（这里还没有编写事件的处理逻辑）。

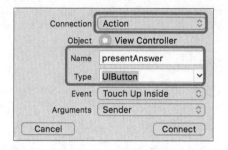

图 3-33　按钮"显示答案"的连接属性设置

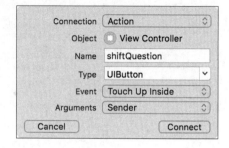

图 3-34　按钮"切换题目"的连接属性设置

```
//
//  ViewController.swift
//  CapitalRemember
//
//  Created by Liang Zhang on 2018/2/21.
//  Copyright © 2018年 BUAA. All rights
       reserved.
//

import UIKit

class ViewController: UIViewController {

    @IBOutlet var provinceLabel: UILabel!

    @IBOutlet var cityLabel: UILabel!


    @IBAction func presentAnswer(_ sender:
        UIButton) {
    }

    @IBAction func shiftQuestion(_ sender:
        UIButton) {
    }


    override func viewDidLoad() {
        super.viewDidLoad()
        // Do any additional setup after
            loading the view, typically from
            a nib.
    }

    override func didReceiveMemoryWarning() {
        super.didReceiveMemoryWarning()
        // Dispose of any resources that can
            be recreated.
    }

}
```

图 3-35　设置完连接后的 ViewController 类的定义

以上便完成了视图层与控制层的连接设置。最后，还需要对建立的连接进行检查，以防操作失误。如图 3-36 所示，可以通过打开视图的属性面板来检查所有的连接关系是否正确。在 Outlets 部分有两条记录与之前为标签创建的连接一致，在 Received Actions 部分也有两条记录与之前为按钮创建的连接一致，说明前面创建的连接符合预期。

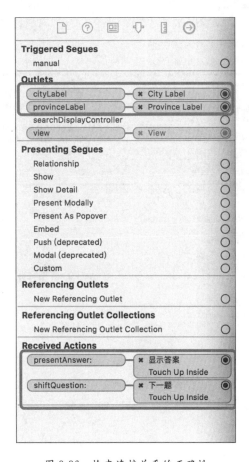

图 3-36　检查连接关系的正确性

6. 定义模型层

下面定义项目的模型层。根据设计草图，本项目的模型层由两个字符串数组构成。这两个字符串数组分别用来存储省份信息和省会信息。在 3.4 节中已经介绍过，对数据模型层的访问只能通过控制层来完成。由于本项目的模型层非常简单,因此可以直接在 ViewController 类的定义中增加字符串数组 provincesArray 和 citiesArray 的定义,如图 3-37 所示。另外,还需要增加一个 provinceIndex 整型变量,用来记录当前显示的省份在数组 provincesArray 中的序号,以便对应正确的省会。该变量的初始值为 0,表示最初显示的省份为数组中的第一个元素,即"河北"。

```swift
class ViewController: UIViewController {

    @IBOutlet var provinceLabel: UILabel!

    @IBOutlet var cityLabel: UILabel!

    let provincesArray: [String] = ["河北","山东","吉林","黑龙江","辽宁","内蒙古","新疆",
        "甘肃","宁夏","山西","陕西","河南","安徽","江苏","浙江","福建","广东","江西",
        "海南","广西","贵州","湖南","湖北","四川","云南","西藏","青海","台湾"]

    let citiesArray: [String] = ["石家庄","济南","长春","哈尔滨","沈阳","呼和浩特","乌鲁木齐",
        "兰州","银川","太原","西安","郑州","合肥","南京","杭州","福州","广州","南昌","海口",
        "南宁","贵阳","长沙","武汉","成都","昆明","拉萨","西宁","台北"]

    var provinceIndex: Int = 0

    @IBAction func presentAnswer(_ sender: UIButton) {
    }

    @IBAction func shiftQuestion(_ sender: UIButton) {
    }


    override func viewDidLoad() {
        super.viewDidLoad()
        // Do any additional setup after loading the view, typically from a nib.
    }

    override func didReceiveMemoryWarning() {
        super.didReceiveMemoryWarning()
        // Dispose of any resources that can be recreated.
    }


}
```

图 3-37　模型层的定义

7. 完成控制层逻辑

建立完模型层之后,需要编写两个动作处理函数的逻辑。

如图 3-38 所示,首先编写单击"下一题"按钮的动作处理函数。在函数体中,变量 provinceIndex 自增 1,则 provincesArray[provinceIndex]将显示下一个省份的名称。然后,通过比较 provinceIndex 的值是否等于 provincesArray 的数组长度,如果相等,则 provincesArray[provinceIndex−1]为数组中最后一个元素,此时赋值 provinceIndex

为 0，从头开始显示数组元素。接着，声明一个字符串常量 province，将下一个省份的名称取出来赋给该常量，再将该常量的值赋给 provinceLabel 的 Text 属性，这将改变省份名称的显示。最后，将 cityLabel 的 Text 属性赋值为"???"，因为显示下一题时不应该给出答案。

```
@IBAction func shiftQuestion(_ sender: UIButton) {

    provinceIndex += 1

    if provinceIndex == provincesArray.count {
        provinceIndex = 0
    }

    let province: String = provincesArray[provinceIndex]
    provinceLabel.text = province

    cityLabel.text = "???"

}
```

图 3-38　单击"下一题"按钮的动作处理函数

如图 3-39 所示，编写单击"显示答案"按钮的动作处理函数。这里只需要从省会名数组中将当前省份所对应的省会名称取出来，然后赋值给显示省会的 cityLabel 的 Text 属性即可。

```
@IBAction func presentAnswer(_ sender: UIButton) {
    let city: String = citiesArray[provinceIndex]
    cityLabel.text = city

}
```

图 3-39　单击"显示答案"按钮的动作处理函数

如图 3-40 所示，最后需要在视图显示前初始化 provinceLabel 的显示文本。在函数 viewDidLoad 中加入一行代码，为 provinceLabel 的 Text 属性赋初始值。

```
override func viewDidLoad() {
    super.viewDidLoad()
    // Do any additional setup after loading the view, typically from a nib.

    provinceLabel.text = provincesArray[provinceIndex]

}
```

图 3-40　初始化 provinceLabel 的 Text 属性

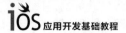

8．运行结果

至此就完成了项目 CapitalRemember 的编写工作，单击运行按钮，检查模拟器的运行结果是否正确。

如图 3-41 所示，左边为运行后的初始界面，省份显示"河北"，为省份名数组第一个元素，省会显示"???"，和预期一致。单击按钮"显示答案"，效果为右边的界面，省会显示"石家庄"，其他部分不变，和预期一致。

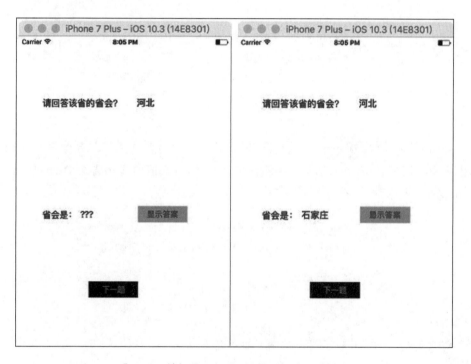

图 3-41　模拟器运行 CapitalRemember 结果 1

如图 3-42 所示，单击"下一题"按钮，显示结果为左边的界面，省份名称变为"山东"，这是省份数组中的第二个元素，省会变为"???"，和预期一致。然后单击"显示答案"按钮，省会变为"济南"，其他不变，和预期一致。结果符合设计要求。

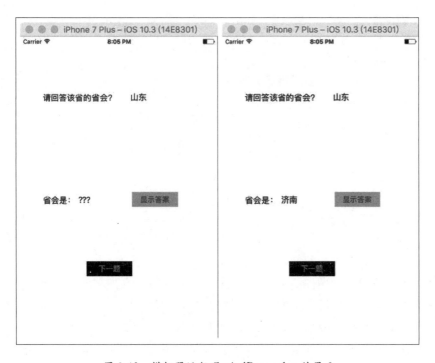

图 3-42 模拟器运行 CapitalRemember 结果 2

第 4 章
控 件

控件是构建用户界面时最基本的单元。在建立用户界面时,需要选取合适的控件。苹果公司的开发控件库中提供了大量功能强大的控件,每种控件都能满足特定的应用需求。通过组合这些控件,可以构建出功能强大的复杂应用,并且非常稳定和高效。本章从最基本的文本编辑框、文本编辑区入手介绍控件及其相关的理论知识点,并通过两个实例具体演示如何动手应用和实现这些知识。然后,介绍一种最简单的容器视图控制器 UITabbarController 的相关知识,并通过一个实例来进一步说明。最后,还简略地介绍其他的常用控件。

4.1　文本编辑框

文本编辑框,即 UITextField,是一种图形化的控件,用于在用户界面中向用户提供可编辑单行文本的控件。用户可通过手机屏幕上的系统内置键盘在文本编辑框内输入或编辑文本信息。可以根据实际应用的需求,通过配置的方式来定制键盘,例如纯文本键盘、数字键盘、电邮键盘等。文本编辑框通过目标-动作模式来处理交互事件,即,当某个事件发生的时候,调用其控制器对象中的相应事件处理函数。另外,文本编辑框还采用了委托模式,通过委托对象来报告 UITextField 在编辑过程中的各种状态变化,并对特定事件进行处理。

在添加文本编辑框的时候,首先要从可视控件库中找到 UITextField,并将其拖曳到设计面板中的指定位置,然后对其进行配置,具体内容包括:根据需要配置目标-动作对(一个或多个),定制内置键盘,指定代理(被委托对象)来处理特定的任务(例如验证文本、处理用户回车事件等),在相应的控制器对象中创建一个文本编辑框对象的引用。

在前一章中已经详细介绍了 iOS 开发中事件处理机制的运行原理和具体的配置过程,这里主要讨论如何定制内置键盘和为文本编辑框指定代理。

1. 内置键盘

当文本编辑框被单击后(获得焦点),系统内置键盘应该自动弹出到屏幕上,并且键盘的输入与该文本编辑框绑定。用户单击文本框的动作可以使其自动获得焦点。另外,也可以通过编码的方式获得焦点,即调用文本编辑框对象的方法becomeFirstResponder 来强制获得焦点。例如,在需要用户输入交易密码的场景,就要通过该方法来使文本编辑框获得焦点。同样,当输入完信息后,可以从屏幕上去除内置键盘。实现去除内置键盘的方法是 resignFirstResponder。通常,用户单击键盘的回车键或者键盘以外的其他非输入控件时,系统会调用该方法来去除内置键盘。

内置键盘的出现和消失会影响文本编辑框对象的编辑状态。当键盘出现在屏幕上的时候,文本编辑框对象进入"正在编辑"状态,并且会发送消息给它的代理;当文本编辑框对象失去焦点的时候,它就结束了"正在编辑"状态,同时发消息通知其代理。

内置键盘的特征属性可以通过 UITextField 对象的属性 UITextInputTraits 来定制,既可以通过编码的方式也可以通过属性面板来设置,具体可以设置的属性包括键盘的类型(纯文本、数字、URL、电邮等)、自动校验、返回键的类型、自动大小写等。

2. 指定代理

在 iOS App 开发中,委托(delegation)模式是使用频率很高的一个设计模式。代理中含有一个指向委托方的引用,并在特定事件发生的时候发消息给委托方。委托方通常为一个 Cocoa 框架类的对象,而代理则常常为一个控制器对象。要使一个控制器对象变成一个代理,则需要声明该控制器对象遵守相应的代理协议。例如,要成为 UITextField 的代理,则需要遵守 UITextFieldDelegate 协议。

UITextFieldDelegate 协议由一系列的可选方法组成,通过这些方法可以实现对文本编辑框的编辑和验证。文本编辑框调用它的代理中的方法来处理特定的事件,例如，验证用户输入的文本的格式，处理特定的键盘交互事件，控制编辑动作的整个过程，等等。在协议中由一系列的方法来控制编辑动作过程中不同阶段的事件处理，具体的方法调用过程如下：

（1）当文本编辑框获得焦点前，文本编辑框会调用它的代理的方法 textFieldShouldBeginEditing(_:)，用来许可或禁止对文本编辑框中的内容进行改动。

（2）文本编辑框获得焦点。此时，系统会在界面上显示键盘，同时发送消息 UIKeyboardWillShow、UIKeyboardDidShow。

（3）文本编辑框调用它的代理的方法 textFieldDidBeginEditing(_:)，并发送消息 UITextFieldTextDidBeginEditing。

在文本编辑框编辑的过程中，会根据不同动作调用不同的方法来处理：

- 当文本内容发生变化时，调用方法 textField(_:shouldChangeCharactersIn:replacementString:)，并发送消息 UITextFieldTextDidChange。
- 当用户单击内置清除文本的按钮时，调用方法 textFieldShouldClear(_:)。
- 当用户单击键盘的返回按钮后，调用方法 textFieldShouldReturn(_:)。

（4）在文本编辑框失去焦点的角色前，调用方法 textFieldShouldEndEditing(_:)，用它来验证当前已经输入的文本。

（5）文本编辑框失去焦点。此时，系统隐藏键盘，同时发送消息 UIKeyboardWillHide 和 UIKeyboardDidHide。

（6）文本编辑框调用它的代理的方法 textFieldDidEndEditing(_:)，并发送消息 UITextFieldTextDidEndEditing。

实例：货币兑换工具

下面通过一个实例从操作层面来看看如何使用 UITextField。

本例要求设计一个货币兑换的工具，输入人民币的金额，计算出可兑换的美元金额。该应用只有一个界面，设计草图如图 4-1 所示。在界面上有 3 行文字，第一行文字显示标题"人民币兑换美元"，第二行提示用户输入人民币金额，第三行给出兑换后的美元金额。

根据货币兑换应用的设计草图，构建用户界面需要用一个 UITextField 接收用户输入的人民币金额，用一个 UILabel 来显示兑换为美元的金额，另外还需要 3 个

UILabel 显示固定的提示信息(标题“人民币兑换美元”、提示信息“人民币金额：”、提示信息“可转换为美元：”)。关于 UILabel 的使用,在第 3 章已经做了详细的介绍,这里主要介绍如何使用 UITextField。

UITextField 的使用中,内置键盘的设置和委托的定义是最重要的两个部分。在键盘设置部分,根据应用需要,应该弹出数字键盘,只能输入纯数字。另外,还要注意如何在 UITextField 获得焦点时自动弹出键盘,在失去焦点时自动去除键盘。在委托部分,要建立 UITextField 与 ViewController 之间的委托关系,并声明 ViewController 遵守 UITextFieldDelegate 协议,然后根据应用的需要选择协议中相应的事件处理方法进行重载。

人民币兑换美元
人民币金额：
请输入金额
可转换为美元：？？？

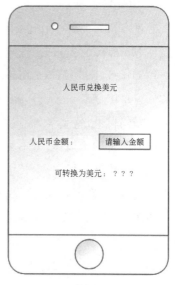

图 4-1　货币兑换应用的界面

1) 创建应用

下面开始创建应用工程,具体的流程可参照第 1 章和第 2 章中的实例,这里不再赘述。图 4-2 为创建工程 ExchangeRMBToDollar 的项目定义界面。

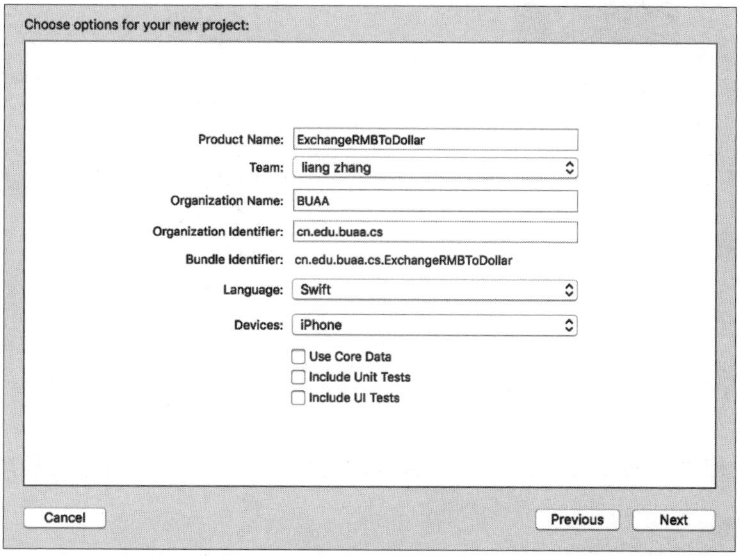

Choose options for your new project:
Product Name: ExchangeRMBToDollar
Team: liang zhang
Organization Name: BUAA
Organization Identifier: cn.edu.buaa.cs
Bundle Identifier: cn.edu.buaa.cs.ExchangeRMBToDollar
Language: Swift
Devices: iPhone
Use Core Data
Include Unit Tests
Include UI Tests
Cancel
Previous
Next

图 4-2　创建项目 ExchangeRMBToDollar 的工程

2）定义视图

通过 Single View Application 模板创建工程，在工程文件中自动生成了一个故事板文件 Main. storyboard。选中该文件，则会打开一个视图画布，从右侧下部的控件库中选择 UILabel 和 UITextField，用拖曳的方式摆放到视图画布中，注意摆放的位置要和设计草图尽量一致，另外要手动调整控件对齐。关于如何自动布局的主题，将在第 8 章专门讨论，这里主要通过手动方式对齐，如果无法精确对齐，或者应用运行的时候控件的位置发生偏移，请不要担心，在第 8 章将彻底解决这个问题。如图 4-3 所示，应用的交互界面基本完成，其中 UILabel 的字体大小、颜色、背景以及对齐方式都进行了设置，这些属性可在控件的属性面板中设置。

如图 4-4 所示，选中视图画布中的 UITextField 控件，在其属性面板中设置相关属性：Color 设置为红色，Font 设置为 System 30.0，Alignment 设置为居中对齐，Placeholder（占位符）设置为"请输入金额"，Border Style 设置为第一种直角边框。这里，为了使输入的数字醒目，设置了红色＋大字号。占位符在应用初次启动，用户还没有输入时，可以起到提示用户的作用。

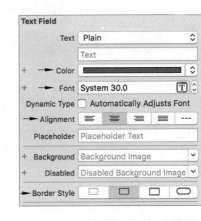

图 4-3　搭建项目 ExchangeRMBToDollar 的界面　　图 4-4　设置 UITextField 的属性

设置完控件的属性后，运行应用，检查运行效果和我们的设计是否存在偏差，如图 4-5 所示。

3）设置内置键盘属性

应用运行时，单击 UITextField 获得焦点，此时屏幕中应该弹出一个数字键盘，用户可通过该键盘输入要转换的人民币金额。要达到这个效果,可以通过设置 UITextField 控件的键盘属性 UITextInputTraits 来实现。选中 UITextField,打开其属性面板,找到如图 4-6 所示的字段,设置 Correction 为 No,Spell Checking 为 No,Keyboard Type 为 Decimal Pad。

图 4-5　项目 ExchangeRMBToDollar 界面的运行效果 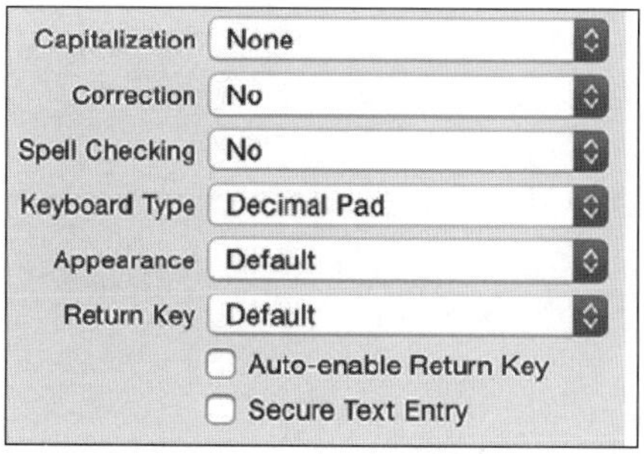　　图 4-6　设置键盘属性 UITextInputTraits

再次运行应用,单击文本编辑框从而获得焦点,此时并没有弹出内置数字键盘。观察控制台输出信息,如图 4-7 所示。根据系统提示信息,检查模拟器中的 keyboard 设置,发现内置键盘没有被选中,因此在单击文本编辑框时找不到系统内置键盘。

```
2018-03-03 19:10:51.679447+0800 ExchangeRMBToDollar[1890:40982] [MC] System
group container for systemgroup.com.apple.configurationprofiles path is /
Users/tommy/Library/Developer/CoreSimulator/Devices/9658E4C1-7986-4034-AB6B-
A55778ABA522/data/Containers/Shared/SystemGroup/
systemgroup.com.apple.configurationprofiles
2018-03-03 19:10:51.679907+0800 ExchangeRMBToDollar[1890:40982] [MC] Reading
from private effective user settings.
2018-03-03 19:10:51.693 ExchangeRMBToDollar[1890:40982] Can't find keyplane
that supports type 8 for keyboard iPhone-PortraitChoco-DecimalPad; using
3489728860_PortraitChoco_iPhone-Simple-Pad_Default
```

图 4-7　控制台输出键盘设备异常

在模拟器的设置选项中选中内置 keyboard 设备,重新运行程序,单击文本编辑框,如图 4-8 所示,显示正常了。

4）定义控制器

在第 3 章的项目中,视图控制器都使用了系统默认创建的 ViewController,非常方便。但是对于规模较大的项目,特别是在需要多个视图控制器的时候,就需要自己

图 4-8　项目 ExchangeRMBToDollar 弹出数字键盘的运行效果

定制视图控制器。另外,使用默认的控制器在文件名上没有特点,可维护性差。

　　本例定制自己的视图控制器。首先,在项目文件树中找到 ViewController. swift 文件,将其删除。然后,选择菜单栏中的 File→NewFile 命令,打开如图 4-9 所示的文件选择对话框,选择 Swift File。

图 4-9　创建 Swift File

单击 Next 按钮,进入文件命名和保存路径设置对话框,如图 4-10 所示。这里,将文件命名为 ExchangeViewController,这里应注意命名规则与苹果官方文件一致,首字母大写,第一个单词 Exchange 表示项目名称,后缀为文件类型 ViewController。

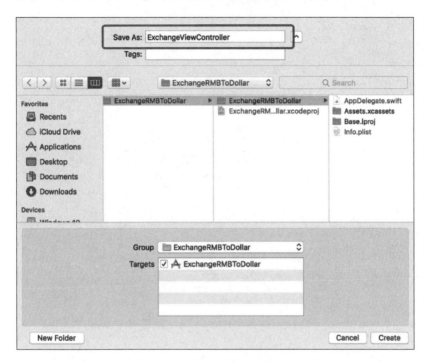

图 4-10　重新命名视图控制器文件名

单击 Create 按钮后,自定义的视图控制器就创建完毕了,如图 4-11 所示,在项目文件树中增加了一个文件 ExchangeViewController. swift。选中该文件,会看到右侧代码编辑区域显示该文件的内容。这里,需要删除默认的第一行代码 import Foundation,加载应用要用到的包 UIKit,然后是自定义的视图控制器 ExchangeViewController 类声明,父类是 UIViewController。

由 Single View Application 模板生成的默认视图控制器 ViewController 和 Main. storyboard 中的 ViewController 是自动建立关联的。而自定义的视图控制器 ExchangeViewController 与其对应的视图需要手动关联。如图 4-12 所示,选中文件 Main. storyboard,打开视图画布,选中 View Controller,在右侧的属性面板中找到 Custom Class 栏中的 Class 属性,在下拉列表中选择 ExchangeViewController。

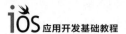

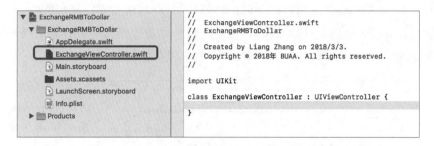

图 4-11　查看视图控制器的 swift 文件

图 4-12　关联视图控制器文件与 Main. storyboard

下一步,将界面中显示美元金额的 UILabel 和输入人民币金额的 UITextField 连接到视图控制器 ExchangeViewController 中,建立 OutletConnection 的方式可参考第 3 章实例中的相关部分。另外还需要为 UITextField 建立一个 Action Connection,如图 4-13 所示。这里要设置 Event 为 Editing Changed,当文本编辑框内的内容已发生变化的时候就会触发该动作。该动作的处理函数名为 dollarTextFieldEditingChanged。

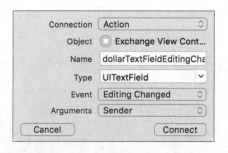

图 4-13　关联 UITextField 与控制器

通过上面的操作建立了两个 Outlet 和一个 Action。现在为 Action 的处理函数编写逻辑。当文本编辑框中的文字内容发生变化的时候会触发 Action，从而执行该函数。在函数体内，要根据汇率将人民币的金额转换为美元金额，并将美元金额在 UILabel 中显示出来。为了简化，这里先省略利用汇率进行转换的计算，直接将人民币金额在显示美元金额的 UILabel 中显示出来，如图 4-14 所示。

```
//
//  ExchangeViewController.swift
//  ExchangeRMBToDollar
//
//  Created by Liang Zhang on 2018/3/3.
//  Copyright © 2018年 BUAA. All rights reserved.
//

import UIKit

class ExchangeViewController : UIViewController {

    @IBOutlet var dollarTextField: UITextField!

    @IBOutlet var dollarLabel: UILabel!

    @IBAction func dollarTextFieldEditingChanged(_ sender: UITextField) {

        if let input = dollarTextField.text, !input.isEmpty {
            dollarLabel.text = dollarTextField.text
        } else {
            dollarLabel.text = "???"
        }
    }

}
```

图 4-14　建立连接后的 ExchangeViewController 类定义

运行程序，检查运行效果是否与设计逻辑一致，运行界面如图 4-15 所示，输入人民币金额 1236，转换后的美元金额为 1236。这里没有按汇率进行转换，后面再进一步完善。

在运行过程中，我们发现一个缺陷：在 UITextField 中输入人民币金额后，单击空白区域时，数字键盘一直在屏幕的下部，无法消除。在需要用户输入信息时（即输入控件获得焦点），要立即弹出数字键盘，在输入完毕后，要自动消除数字键盘，这样可以节省屏幕的显示空间。

为了实现这个功能，需要完成两步。第一步是向视图画布中加入一个手势识别器 UIGestureRecognizer，用来捕捉视图中所有的手势。如图 4-16 所示，在控件库中找到手势识别器，然后将其拖曳到视图画布中。

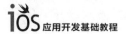

图 4-15　项目 ExchangeRMBToDollar 输入人民币金额后的运行效果

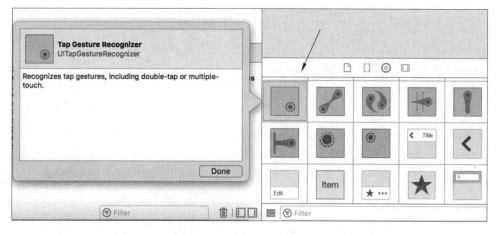

图 4-16　控件库中的手势识别器

　　如图 4-17 所示,将手势识别器拖曳到视图中,在视图的顶部会显示一个手势识别器的小图标。

　　手势识别器可以检测交互界面中的触摸动作(包括触碰、滑动、长按等),并将其发送到相应的事件处理对象中,由对象中的相应函数来处理。在本应用中,只需要检测文本编辑框以外区域的用户触摸动作。

下面完成第二步,建立手势识别器与视图控制器的连接。创建的方式和其他控件一样,选中控件后,按住 Ctrl 键和鼠标左键,拖动出一条连接线到 ExchangeViewController .swift 文件的类定义中,然后松开鼠标左键,在弹出的对话框中设置连接的属性,如图 4-18 所示。这里需要设置 Connection 为 Action,处理动作的方法名设置为 dismissKeyboard,即消除键盘,Type 为 UITapGestureRecognizer。

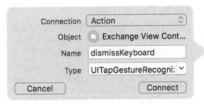

图 4-17 添加手势识别器到视图中   图 4-18 手势识别器与视图控制器的连接属性设置

设置完成后单击 Connect 按钮,得到如图 4-19 所示的 ExchangeViewController 代码。在函数 dismissKeyboard 中添加事件的处理逻辑,即文本编辑框 dollarTextField 主动放弃焦点。

```
import UIKit
class ExchangeViewController : UIViewController {

    @IBAction func dismissKeyboard(_ sender: UITapGestureRecognizer) {

        dollarTextField.resignFirstResponder()

    }

    @IBOutlet var dollarTextField: UITextField!

    @IBOutlet var dollarLabel: UILabel!

    @IBAction func dollarTextFieldEditingChanged(_ sender: UITextField) {

        if let input = dollarTextField.text, !input.isEmpty {
            dollarLabel.text = dollarTextField.text
        } else {
            dollarLabel.text = "???"
        }
    }

}
```

图 4-19 通过 UITextField 的焦点来控制键盘的出现与消除

运行程序,检查在文本编辑框以外单击屏幕的效果,发现键盘立即从屏幕中消除。

下面修复前面的另一个缺陷:人民币兑换美元时没有按汇率进行转换计算,而是按照 1∶1 来算的。如图 4-20 所示,修改函数 dollarTextFieldEditingChanged。首先需要判断当前文本编辑框中是否为空,如果为空,美元金额要显示为"???",否则根据当前的人民币兑换美元的汇率(这里设为 1∶0.1577),将用户输入的人民币金额从 dollarTextField.text 中取出来,再转换为双精度浮点数,然后进行金额转换计算。

```
import UIKit
class ExchangeViewController : UIViewController {

    @IBAction func dismissKeyboard(_ sender: UITapGestureRecognizer) {
        dollarTextField.resignFirstResponder()
    }

    @IBOutlet var dollarTextField: UITextField!

    @IBOutlet var dollarLabel: UILabel!

    @IBAction func dollarTextFieldEditingChanged(_ sender: UITextField) {
        if let input = dollarTextField.text, let value = Double(input) {
            dollarLabel.text = "\(value*0.1577)"
        } else {
            dollarLabel.text = "???"
        }
    }

}
```

图 4-20　编写按汇率进行金额转换计算的函数

5) 委托协议

运行应用,检查金额转换结果是否正确。

如图 4-21 所示,当在"人民币:"后输入正确的数字时,转换结果显示正确。但用户可以输入两个小数点,从而出现了非法数字。为了修复这个缺陷,就需要用到前面介绍的委托了。

首先,需要指定 ExchangeViewController 为 UITextField 的代理。具体操作是:在 Main.storyboard 中,选中 UITextField,同时按住 Ctrl 键和鼠标左键不放,拖动连线到 ExchangeViewController 中,在弹出的对话框中选择 delegate。如图 4-22 所示,选中 UITextField,打开最右侧的属性面板,可以查看它的所有连接关系。可以看到最上面一个 Outlet 为 delegate,这样就指定了 ExchangeViewController 为 UITextField 的代理。

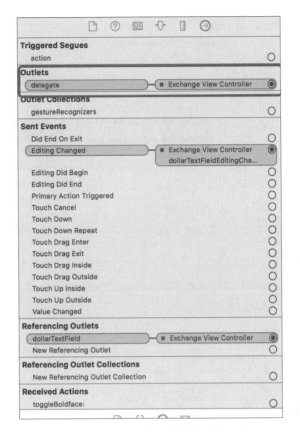

图 4-21　输入两个小数点时出现异常　　　　图 4-22　UITextField 的所有连接关系

接着，要声明类 ExchangeViewController 遵守 UITextFieldDelegate 协议，如图 4-23 所示。

下一步，就需要在 UITextFieldDelegate 协议中找到相关的处理方法，并在类 ExchangeViewController 中进行重载。在本例中，为了禁止用户输入第二个小数点，可以选择协议中的方法 textField(_textField：UITextField，shouldChangeCharactersInrange：NSRange，replacementString string：String)－＞Bool。该方法将自动获取 textField 中当前显示的字符串和新输入的即将显示的字符串。通过分别检查这两个字符串是否均含有小数点"."来判断当前输入是否合法。如果输入合法，则允许输入显示，并返回 true；如果当前字符串中已含有小数点，新输入的字符串中又含有一个小数点，则返回 false。

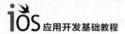

```
import UIKit

class ExchangeViewController : UIViewController,UITextFieldDelegate {

    @IBAction func dismissKeyboard(_ sender: UITapGestureRecognizer) {

        dollarTextField.resignFirstResponder()

    }

    @IBOutlet var dollarTextField: UITextField!

    @IBOutlet var dollarLabel: UILabel!

    @IBAction func dollarTextFieldEditingChanged(_ sender: UITextField) {

        if let input = dollarTextField.text, let value = Double(input) {
            dollarLabel.text = "\(value*0.1577)"
        } else {
            dollarLabel.text = "???"
        }
    }
}
```

图 4-23　声明 ExchangeViewController 遵守 UITextFieldDelegate 协议

```
import UIKit

class ExchangeViewController : UIViewController, UITextFieldDelegate {

    @IBAction func dismissKeyboard(_ sender: UITapGestureRecognizer) {

        dollarTextField.resignFirstResponder()

    }

    @IBOutlet var dollarTextField: UITextField!

    @IBOutlet var dollarLabel: UILabel!

    @IBAction func dollarTextFieldEditingChanged(_ sender: UITextField) {

        if let input = dollarTextField.text, let value = Double(input) {
            dollarLabel.text = "\(value*0.1577)"
        } else {
            dollarLabel.text = "???"
        }
    }

    func textField(_ textField: UITextField, shouldChangeCharactersIn range: NSRange, replacementString string: String) -> Bool {

        let currentText = dollarTextField.text?.range(of: ".")
        let addingText = string.range(of: ".")

        if currentText != nil && addingText != nil {
            return false
        } else {
            return true
        }
    }
}
```

图 4-24　在 ExchangeViewController 中实现委托中的相关方法

6）运行结果

最后，重新编译运行应用，如图 4-25 所示，运行结果正确，并已修复了键盘无法消除和非法输入小数点的两个缺陷，符合设计要求。

图 4-25　项目 ExchangeRMBToDollar 的最终运行结果

4.2　文本编辑区

文本编辑区，即 UITextView，是搭建用户界面的一种可编辑文本区。它和 4.1 节的 UITextField 很类似，区别在于 UITextField 为单行文本输入，而 UITextView 为多行文本输入。这两种文本编辑控件有不同的应用场景需要，UITextField 可用于输入用户名、密码、账号、邮箱等信息，而 UITextView 可用于输入一段文字（多行的），如简介、说明性文字等。

实例：检索段落中关键字出现的次数

下面通过 UITextField、UITextView、UITextFieldDelegate 和 UITextViewDelegate 来实现文本编辑区。

本例要求设计一个检索关键字的小工具，输入一个段落和待检索的关键字，计算关键字在段落中出现的次数。该应用的界面设计草图如图 4-26 所示。要求在 UITextView 中输入完段落后，按回车键可以直接切换到 UITextField 中继续输入关键字，然后按回车键后就给出检索结果。

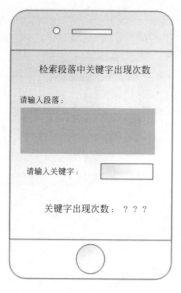

图 4-26　检索关键字应用的设计草图

通过 Single View Application 模板来创建工程 SearchKeyword，如图 4-27 所示。

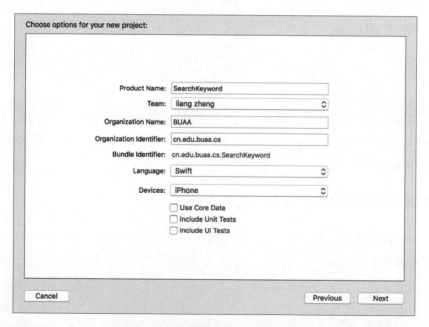

图 4-27　创建工程 SearchKeyword

删除模板中自动创建的 ViewController.swift 文件,重新定义一个视图控制器 SearchViewController.swift,如图 4-28 所示。

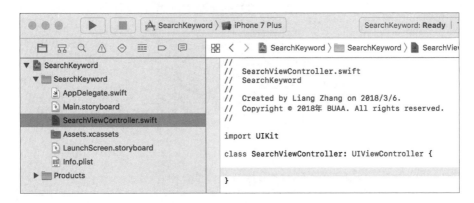

图 4-28　定义视图控制器 SearchViewController

打开 Main.storyboard,根据设计草图来搭建界面。前面章节已经介绍过如何使用 UITextField 和 UILabel。这里出现了新控件 UITextView,在控件库中找到该控件,如图 4-29 所示。

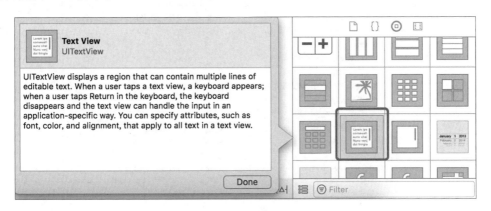

图 4-29　UITextView 控件

根据草图搭建的用户界面如图 4-30 所示,编译并运行项目,检查是否与设计一致。

完成视图控制器和故事板中的界面设计工作后,下面连接控制层和视图层。在此之前,需要将故事板中的视图控制器定义为 SearchViewController 类的一个子类,如图 4-31 所示。

图 4-30　SearchKeyword 项目的用户界面

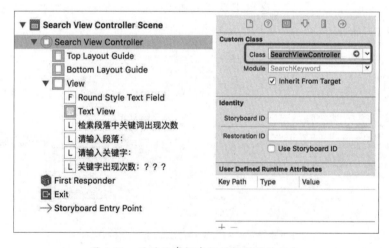

图 4-31　设置故事板中视图控制器的父类

　　接着,将故事板中的相关控件连接到视图控制器类中。如图 4-32 所示,故事板中
输入段落的 UITextView、输入关键字的 UITextField、显示检索结果的 UILabel 都需
要连接到视图控制器类中。另外,为了保存关键字和段落的信息,还需要在类声明中
定义两个字符串变量,分别来保存关键字和段落。

　　在控制器类中编写一个输入段落和关键字并返回关键字出现次数的函数,如

```
import UIKit

class SearchViewController: UIViewController {

    @IBOutlet var paragraphTextView: UITextView!

    @IBOutlet var keywordTextField: UITextField!

    @IBOutlet var resultLabel: UILabel!

    var keyword: String = " "

    var paragraph: String = " "

    override func viewDidLoad() {
        super.viewDidLoad()
        // Do any additional setup after loading the view,
            typically from a nib.
    }

    override func didReceiveMemoryWarning() {
        super.didReceiveMemoryWarning()
        // Dispose of any resources that can be recreated.
    }

}
```

图 4-32　连接控件与视图控制器类

图 4-33 所示。这里用到了系统函数 components（separatedBy separator：String），具体的用法可查阅苹果官方文档。

```
func searchKeyword(theString : String, theSubS : String) -> Int {

    let countsOfKeyword = theString.components(separatedBy: theSubS).count - 1
    return countsOfKeyword

}
```

图 4-33　查找关键字出现次数的函数

在应用需求中明确要求：在输入完段落并按回车键后，要自动将焦点切换到关键字输入框；在输入完关键字并按回车键后，要直接显示检索结果。以上要求可以分别通过 UITextViewDelegate 和 UITextFieldDelegate 来实现。

首先，在故事板中设置 UITextView 和 UITextField 的 delegate 为 SearchViewController，如图 4-34 所示。

然后需要声明类 SearchViewController 遵守委托协议 UITextFieldDelegate 和 UITextViewDelegate，如图 4-35 所示。

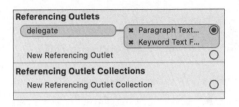

图 4-34　设置控件的 delegate

```
import UIKit

class SearchViewController: UIViewController, UITextFieldDelegate, UITextViewDelegate {

    @IBOutlet var paragraphTextView: UITextView!

    @IBOutlet var keywordTextField: UITextField!

    @IBOutlet var resultLabel: UILabel!

    var keyword: String = " "

    var paragraph: String = " "
```

图 4-35　声明 SearchViewController 遵守委托协议

在类定义中重载方法 textView(_ textView：UITextView, shouldChangeTextIn range：NSRange, replacementText text：String) －＞ Bool, 每次用户在 UITextView 中输入新的字符后, 都会触发该方法。如图 4-36 所示, 当用户按回车键后, 将焦点切换到关键字输入框。

```
func textView(_ textView: UITextView, shouldChangeTextIn range: NSRange, replacementText text: String) -> Bool {

    if (text == "\n") {
        keywordTextField.becomeFirstResponder()
        return false
    }

    return true
}
```

图 4-36　重载 UITextViewDelegate 中的方法

在类定义中重载方法 textFieldShouldReturn(_ textField：UITextField) －＞ Bool, 当用户在 UITextField 中按回车键, 就会触发该方法。如图 4-37 所示, 先将当前的段落和关键字保存到变量 keyword、paragraph 中, 再调用函数 searchKeyword 计算关键字在段落中出现的次数, 最后将结果拼接成字符串赋值给 resultLabel. text。

编写完代码, 再次编译运行项目, 图 4-38 为应用最终的运行界面。

```
func textFieldShouldReturn(_ textField: UITextField) -> Bool {

    keyword = keywordTextField.text!

    paragraph = paragraphTextView.text!

    let counts = searchKeyword(theString: paragraph, theSubS: keyword)

    resultLabel.text = " 关键字: \(keyword) 出现了\(counts)次"

    return true

}
```

图 4-37　重载 UITextFieldDelegate 中的方法

图 4-38　应用 SearchKeyword 的运行结果

4.3 选择控件

选择控件包括 UISwitch、UISegmentedControl、UISlider。

UISwitch 是一个提供二元选择的控件，即 On/Off。该控件有一个重要的属性 isOn，用来表征二元状态。当用户在 On/Off 中做出选择后，会创建事件 valueChanged。可以编写响应的事件处理函数来响应该动作。

UISegmentedControl 是一个离散的多段选择控件。每一段都有一个对应的序号，是从 0 开始的整数。当用户选择某个段时，会创建事件 valueChanged，同样可以编写相应的事件处理函数来响应该动作。

UISlider 是一个可以从连续的值中选择的控件。该控件需要设置取值范围，即最

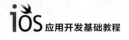

大值和最小值。另外，还要设置当前值，即滑块的默认位置。当用户在控件中滑动滑块时，会不断产生 valueChanged 事件，可以编写相应的事件处理函数来捕获该动作。

实例：选择控件的状态

本例将同时运用 3 种选择控件：UISwitch、UISegmentedControl、UISlider。

本例要求在一个应用中同时用到 3 种选择控件，并在控件右侧显示该控件的当前状态。

通过 Single View Application 模板来创建工程 ThreeSelectControls。

首先搭建用户界面，在右侧的控件库中分别找到控件 Switch、Segmented Control、Slider，如图 4-39 所示。

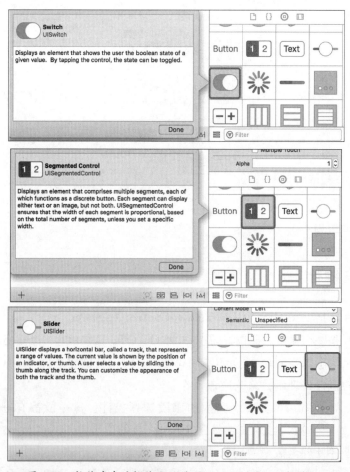

图 4-39　控件库中的控件 Switch、Segmented Control、Slider

将这 3 个选择控件拖曳到视图画布中,并在每一个控件右侧摆放一个 UILabel,用来显示控件的当前状态,搭建完的界面如图 4-40 所示。

图 4-40 项目 ThreeSelectControls 的界面设计

其中,控件 Segmented Control 默认分为两段,可以通过其属性面板将其设置为 3 段,并将第 3 段命名为 Third。控件 Slider 需要设置其最大值、最小值和当前值,这里设置如下:最大值为 100,最小值为 0,当前值为 50。

下面建立控件和视图控制器的连接关系。将 3 个选择控件和 3 个用来显示控件状态的 UILabel 都连接到视图控制器文件中,如图 4-41 所示。

```
class ViewController: UIViewController {

    @IBOutlet var theSwitch: UISwitch!

    @IBOutlet var theSegmented: UISegmentedControl!

    @IBOutlet var theSlider: UISlider!

    @IBOutlet var switchLabel: UILabel!

    @IBOutlet var segmentedLabel: UILabel!

    @IBOutlet var sliderLabel: UILabel!
```

图 4-41 将选择控件和对应的 UILabel 连接到视图控制器中

接着,为每一个控件创建一个动作处理函数,并编写相应的处理逻辑。

图 4-42 为控件 UISwitch 的处理函数。当用户单击 UISwitch 按钮时,对应的 UILabel 将会显示当前的开关状态。

```swift
@IBAction func switchValueChanged(_ sender: Any) {
    let switchControl = sender as! UISwitch
    let status = switchControl.isOn
    if status {
        switchLabel.text = "开"
    } else {
        switchLabel.text = "关"
    }
}
```

图 4-42 控件 UISwitch 的动作处理函数

如图 4-43 所示,为控件 UISegmentedControl 的处理函数。当用户选择不同的分段时,分段的序号会显示在对应的 UILabel 中。注意:分段的序号是从 0 开始的,本例为了增加可读性,在显示的时候是从 1 开始的。

```swift
@IBAction func segmentedValueChanged(_ sender: Any) {
    let segmentedControl = sender as! UISegmentedControl
    segmentedLabel.text = String(segmentedControl.selectedSegmentIndex + 1)
}
```

图 4-43 控件 UISegmentedControl 的动作处理函数

图 4-44 为控件 UISlider 的处理函数。当用户滑动滑块时,对应的整数值将会显示在对应的 UILabel 中。

```swift
@IBAction func sliderValueChanged(_ sender: Any) {
    let sliderControl = sender as! UISlider
    let value = Int(sliderControl.value)
    sliderLabel.text = String(format: "%d", value)
}
```

图 4-44 控件 UISlider 的动作处理函数

最后编译和运行项目,显示结果如图 4-45 所示,符合设计要求。

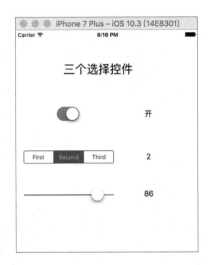

图 4-45　项目 ThreeSelectControls 的运行结果

4.4　进度显示控件

进度显示控件包括活动指示器 UIActivityIndicatorView 和进度条 UIProgressView。

这两个控件都用来显示后台有正在运行的程序。其中,活动指示器用于显示执行时间较短的程序正在执行,并不显示还有多长时间才能执行完。进度条一般会根据后台程序的执行情况,用动态进度条来表示还有多长时间执行完毕。下面通过实例来模拟这两种进度显示控件的使用方法。

实例:等待时刻

本例同时运用两种进度显示控件:UIActivityIndicatorView 和 UIProgressView。

本例要求单击“GO!”按钮后,两个显示进度的控件开始运行,过一段时间停止运行。单击 Clear 按钮将进度条清零,可以重新运行进度显示控件。

通过 Single View Application 模板来创建工程 Waiting。

首先搭建用户界面,在右侧的控件库中分别找到控件 UIActivityIndicatorView 和 UIProgressView,如图 4-46 所示。

将这两个选择控件拖曳到视图画布中,并在每一个控件前面摆放一个 UILabel,

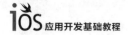

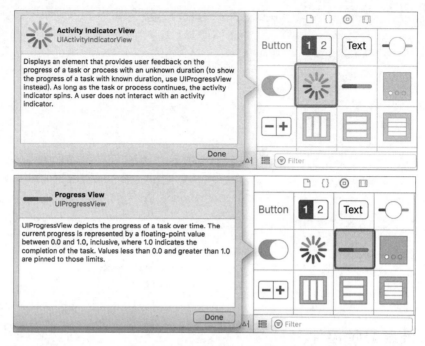

图 4-46　添加活动指示器和进度条

用来说明控件类型。然后，再添加两个 UIButton，分别用来启动进度显示和将进度清零。搭建完的界面如图 4-47 所示。

图 4-47　项目 Waiting 的界面设计

将视图画布中的活动指示器控件和进度条控件连接到视图控制器中,如图 4-48
所示。

```
import UIKit
class ViewController: UIViewController {

    @IBOutlet var theActivityIndicator: UIActivityIndicatorView!

    @IBOutlet var theProgress: UIProgressView!

    @IBAction func startButton(_ sender: Any) {
    }
```

图 4-48 将活动指示器控件和进度条控件连接到视图控制器中

为按钮"Go!"的单击动作编写处理函数,如图 4-49 所示。在类声明中定义一个计
时器变量。在处理函数中,先判断进度条的 progress 值是否为 0。如果为 0,则启动活
动指示器,并调用计时器对象的方法 scheduledTimer 计时。其中,timeInterval 为时
间间隔,这里为 0.05;target 为发送消息的接收对象;selector 为调用的方法名;
repeats 为是否重复执行。

```
var timer : Timer!
@IBAction func startButton(_ sender: Any) {
    if theProgress.progress == 0 {
        theActivityIndicator.startAnimating()
        timer = Timer.scheduledTimer(timeInterval: 0.05, target: self,
            selector: #selector(ViewController.going), userInfo: nil,
            repeats: true)
    }
}
```

图 4-49 进度启动的控制函数

selector 调用的函数如图 4-50 所示,每次执行时使 progress 的值增加 0.01,当
progress 的值达到 1 时,停止计时器,然后停止活动指示器。

```
func going() {
    theProgress.progress = theProgress.progress + 0.01
    if (theProgress.progress == 1.0) {
        timer.invalidate()
        theActivityIndicator.stopAnimating()
    }
}
```

图 4-50 进度处理函数

为按钮 Clear 的单击动作编写处理函数，如图 4-51 所示。

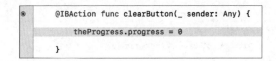

```
@IBAction func clearButton(_ sender: Any) {
    theProgress.progress = 0
}
```

图 4-51　进度清零函数

最后，编译和运行项目，应用 Waiting 的运行界面如图 4-52 所示，符合设计要求。

图 4-52　应用 Waiting 的运行效果

4.5　警告控制器

当应用需要向用户提供重要的信息，并由用户做出决定时，通常会使用警告控制器来实现。

警告控制器提供两种风格的警告信息显示：警告框（.alert）和动作栏（.actionSheet），可以通过警告控制器的属性 preferedStyle 来设置。警告框和动作栏都是模态的显示信息确认框，其中警告框是弹出的一个信息框，一般在应用界面的中间；而动作栏则是由应用界面的底部向上弹出的一个选项列表。可以通过警告框或动作栏中的选项与具体的动作处理关联起来。当用户选择具体选项时就会调用相应的动作处理函数。可以通过方法 addAction(_:)向警告控制器中添加动作。

实例：等待时刻

本例将同时运用两种警告风格：.alert 和 .actionSheet。

本例的界面上有一个文字编辑框，默认有一段文字。有两个按钮分别用两种警告风格提示用户是否删除编辑框中的文字。

通过 Single View Application 模板来创建工程 MyAlert。

首先搭建用户界面，如图 4-53 所示，主要由三个 UILabel、一个 UITextView 和两个 UIButton 组成。

然后建立视图中控件与视图控制器的连接关系，如图 4-54 所示。

在通过警告框删除段落的动作处理函数中编写弹出警告框的相关代码，如图 4-55 所示。首先，定制一个 UIAlertController，设置以下属性：

图 4-53　项目 MyAlert 的用户界面

```swift
import UIKit
class ViewController: UIViewController {

    @IBOutlet var theTextView: UITextView!

    @IBAction func DeleteByAlert(_ sender: UIButton) {

    }

    @IBAction func DeleteByActionSheet(_ sender: UIButton) {

    }

    override func viewDidLoad() {
        super.viewDidLoad()
        // Do any additional setup after loading the view, typically from
            a nib.
    }

    override func didReceiveMemoryWarning() {
        super.didReceiveMemoryWarning()
        // Dispose of any resources that can be recreated.
    }

}
```

图 4-54　连接项目 MyAlert 的控件与视图控制器

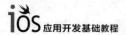

警告栏标题 title、警告栏显示的信息 message 以及显示风格 UIAlertControllerStyle . alert(即警告框风格)。然后定制两个 UIAlertAction，cancelAction 表示"取消"，deleteAction 表示"确定"。其中，deleteAction 中要编写清空编辑框的代码。最后，将 cancelAction 和 deleteAction 添加到 alertController 中，显示该警告框。

```
@IBAction func DeleteByAlert(_ sender: UIButton) {

    let alertController: UIAlertController = UIAlertController(title: "警告
        框", message: "您确定要删除上面段落中的文字吗?", preferredStyle:
        UIAlertControllerStyle.alert)

    let cancelAction = UIAlertAction(title: "取消", style: .cancel)

    let deleteAction = UIAlertAction(title: "确定", style: .default) {
        (alertAction) -> Void in

        self.theTextView.text = ""

    }

    alertController.addAction(cancelAction)

    alertController.addAction(deleteAction)

    self.present(alertController, animated: true, completion: nil)

}
```

图 4-55　通过警告框删除段落

在通过动作栏删除段落的动作处理函数中编写弹出动作栏的相关代码，如图 4-56 所示。与图 4-55 不同的是，在定制 UIAlertController 时将显示风格设置为 UIAlertControllerStyle. actionSheet(即动作栏风格)。

```
@IBAction func DeleteByActionSheet(_ sender: UIButton) {

    let actionSheetController = UIAlertController(title: "警告框", message:
        "您确定要删除上面段落中的文字吗? ", preferredStyle:
        UIAlertControllerStyle.actionSheet)

    let cancelAction = UIAlertAction(title: "取消", style:
        UIAlertActionStyle.cancel)

    let deleteAction = UIAlertAction(title: "删除段落", style:
        UIAlertActionStyle.destructive) { (alertAction) -> Void in

        self.theTextView.text = ""

    }

    actionSheetController.addAction(cancelAction)

    actionSheetController.addAction(deleteAction)

    self.present(actionSheetController, animated: true, completion: nil)

}
```

图 4-56　通过动作栏删除段落

最后，编译并运行程序，结果如图 4-57 所示。

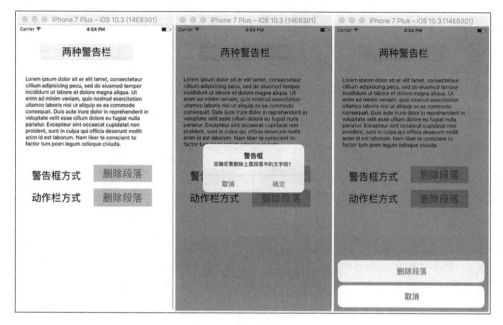

图 4-57　项目 MyAlert 的运行结果

第 5 章
表 格

表格视图是非常重要的视图控件，常常用来展示复杂的表格信息，几乎所有的苹果应用都会用到这个控件。本章从表格视图基本概念入手，循序渐进地展开表格视图的高级属性，包括编辑表格视图、定制单元格、搜索栏以及视图的分节和刷新。每一个重要的功能点都会通过迭代的方式添加到最初的表格视图实例中，将新的知识点通过新增功能加入到实例中。

5.1　表格视图

表格视图 UITableView 是一种按行显示数据的视图。UITableView 是 UIScrollView 的子类，支持垂直方向的页面滚动（不支持水平方向滚动）。

UITableView 的每一行为一个基本的组成单元格，即 UITableViewCell，如图 5-1 所示。UITableView 的显示是通过 UITableViewCell 将每一行的单元格内容画出来的。每一行的单元格（cell）都含有标题、图片，还可以有附属视图。标准的附属视图是扩展指示器或者详情扩展按钮。扩展指示器将会展开下一级数据，而详情扩展按钮则

图 5-1　单元格 UITableViewCell

会打开该行的详细信息页视图。表格视图可以进入编辑模式,在此模式下,用户可以对单元格进行插入、删除以及保存的操作。

　　表格视图可以分节显示,也可以不分节,如图 5-2 所示。每个节由若干个单元格组成。表格视图中的节数(sections)属性决定了一个表格视图有多少节,节的单元格行数(rows)属性决定了每个节有多少行单元格。表格视图的节都可以有节头(header)和节脚(footer)。

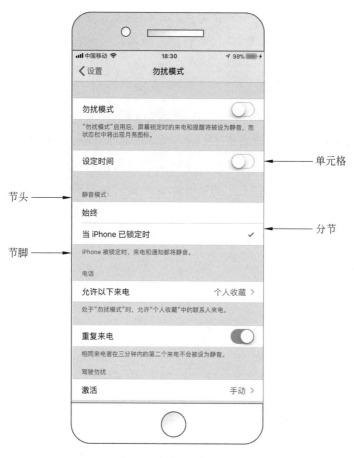

图 5-2　表格视图的分节

　　表格视图有两种显示风格:普通(plain)和分组(grouped)。在创建 UITableView 实例的时候必须指定一个表格风格,一旦指定就不能更改。普通风格下,节头和节脚在节内容上浮动显示。如果表格视图有索引,那么在表格视图的右侧将会出现一个检索栏,通过该检索栏可以快速定位到相应的节处。分组风格下,所有的单元格都有一个默认的背景色和背景视图。通过背景视图可以在同一节中将单元格分组。例如,在联系人表格视图中,不同的联系人由不同的节来显示,而同一个联系人的基本信息、电话信息以及电邮信息则为不同的分组。分组风格的表格视图是不支持检索的。

NSIndexPath 是表格视图中一个常用的对象。UITableView 中很多方法都使用 NSIndexPath 作为参数和返回值。在 UITableView 对象中声明了一个 NSIndexPath 标签,用来获取当前行索引和节索引,或者用来根据给定的行索引和节索引来构建索引路径。

每一个表格视图 UITableView 对象都必须有一个对应的数据源(data source)对象和委托(delegate)对象,通常由该表格视图的控制器 UITableViewController 对象来担任。数据源对象必须遵守协议 UITableViewDataSource,委托对象必须遵守协议 UITableViewDelegate,如图 5-3 所示。数据源对象向表格视图提供表格在创建和编辑单元格时需要的数据模型信息。而委托对象负责表格视图中单元格的配置、选择、保存、附属视图以及编辑操作。在表格视图控制器 UITableViewController 创建其表格视图 UITableView 时,视图的数据源和委托会自动指向 UITableViewController,不需要手动设置。

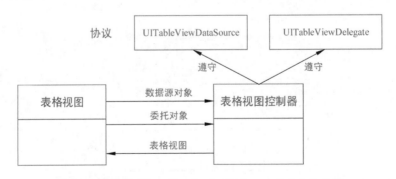

图 5-3　UITableView、DataSource、Delegate 的对象关系图

下面通过成绩表的例子来创建 UITableView 及其 UITableViewController,并将其指定为 UITableView 的数据源对象和委托对象,通过一个个 UITableCell 将学生成绩展示到界面上。

实例：学生成绩表 1.0

本例通过 UITableView 来创建一个学生成绩表。

应用的界面上为一个表格视图，用来显示成绩表，成绩表由学生名字和成绩两部分信息的列表组成。

通过 Single View Application 模板来创建工程 StudentPerformance。

打开故事板 main. storyboard，删除其中默认的 View Controller。然后在控件库中找到 Table View Controller，并将其拖曳到中间的视图编辑面板中，如图 5-4 所示。

图 5-4　控件库中的 Table View Controller

项目默认的初始视图控制器是刚刚删除的 View Controller，因此需要指定新创建的 Table View Controller 为初始视图控制器。如图 5-5 所示，在选项 Is Initial View Controller 前打钩。

将 Table View Controller 设置为初始视图控制器后，视图左侧出现了一个箭头，表示该视图为项目启动后进入的初始视图，如图 5-6 所示。

下面，为这个 Table View Controller 实例创建相应的视图控制器类文件。先删除项目默认的视图控制器文件 ViewController. swift，然后创建一个新的 swift 文件，命名为 StudentPerformanceTableViewController. swift，如图 5-7 所示。对象 StudentPerformanceTableViewController 在本项目中将承担 3 个角色：表格视图控

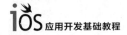
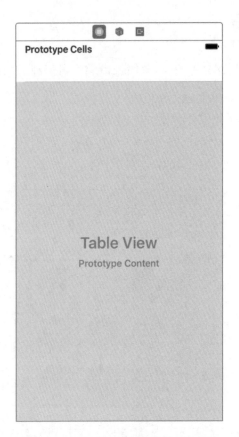

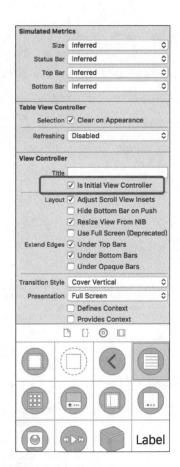

图 5-5　设置 Table View Controller 为初始视图控制器

制器,负责表格视图的显示;表格视图数据源,负责向表格视图提供显示用到的数据;表格视图的委托,负责表格视图相关事件处理和通信。

　　创建完表格视图控制器类后,要将其指定为故事板中表格视图控制器实例的类,如图 5-8 所示。

　　至此就完成了项目框架的搭建,编译并运行项目,可以看到一个空白的表格视图界面。

　　下面构建项目中的数据模型。表格中显示的是学生姓名及其成绩,因此创建学生类 Student,如图 5-9 所示,Student 类中有两个变量分别表示学生姓名和成绩,另外还有一个初始化方法。

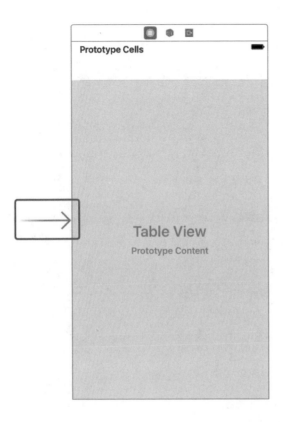
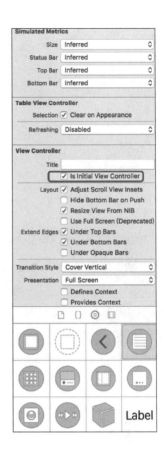

图 5-6　初始视图

```
import UIKit

class StudentPerformanceTableViewController: UITableViewController {


}
```

图 5-7　定制表格视图控制器文件

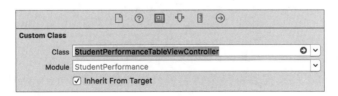

图 5-8　指定故事板中表格视图控制器的类

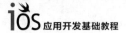

```
import UIKit

class Student: NSObject {

    var name: String
    var score: Int

    init(name: String, score: Int) {

        self.name = name
        self.score = score
        super.init()

    }

}
```

图 5-9　创建学生类 Student

　　表格中的每一行对应一个学生,也就是 Student 类的一个实例。用 Student 类来抽象表格视图中的单元格数据,由 Student 类实例组成的集合就可以用来抽象整个表格的数据。如图 5-10 所示,创建学生信息类 StudentsInfo。该类只有一个变量 studentsCollection,是 Student 类的数组,用来保存所有学生实例的信息。另外,该类中还有一个初始化方法,在该方法中,将学生姓名和相应的成绩分别存储到两个数组中,然后作为参数来创建 Student 类的实例,并将其依次保存到 studentsCollection 中。

```
import UIKit

class StudentsInfo {

    var studentsCollection = [Student]()

    init() {

        let nameOfStudents =
            ["Tommy","Jerry","Kate","Jack","Ben","Jimmy","Ada","Susan"]

        let scoreOfStudents = [98,65,78,100,85,79,95,80,83]

        for i in 0...(nameOfStudents.count-1) {

            let theStudent = Student(name: nameOfStudents[i], score:
                scoreOfStudents[i])

            studentsCollection.append(theStudent)

        }

    }

}
```

图 5-10　学生信息类 StudentsInfo

　　创建完数据模型后,需要将其传送给表格视图控制器 StudentPerformanceTableViewController。

首先,在 StudentPerformanceTableViewController 类中声明一个 StudentsInfo 类的变量,用来接收相关的数据模型数据,如图 5-11 所示。

```
import UIKit

class StudentPerformanceTableViewController:
    UITableViewController {

    var studentsInfo: StudentsInfo!
```

图 5-11 在视图控制器类中声明 StudentsInfo 变量

然后,打开 AppDelegate. swift 文件,在方法 application(_ application:UIApplication, didFinishLaunchingWithOptions launchOptions:〔UIApplicationLaunchOptionsKey: Any〕?) 中添加代码。该方法在应用即将呈现给用户时执行,可以在此方法中进行最后的初始化工作。如图 5-12 所示,先创建 StudentsInfo 类的实例,然后将其赋值给表格视图控制器实例中的变量 studentsInfo。

```
func application(_ application: UIApplication, didFinishLaunchingWithOptions
    launchOptions: [UIApplicationLaunchOptionsKey: Any]?) -> Bool {
    // Override point for customization after application launch.

    let studentsInfo = StudentsInfo()

    let studentPerformanceTableViewController = window!.rootViewController
        as! StudentPerformanceTableViewController

    studentPerformanceTableViewController.studentsInfo = studentsInfo

    return true
}
```

图 5-12 将数据模型传送给表格视图控制器

至此就可以在表格视图控制器里操作数据模型了。在显示数据模型之前,还需要完成两个工作。根据应用的要求,每一个单元格要显示两个信息:学生姓名和对应的成绩。选中视图画布中的表格视图控制器,然后在右侧的属性设置面板中将 Table View Cell 的 Style 属性设置为 Right Detail,如图 5-13 所示。设置完以后,就可以看到表格视图中的单元格显示风格变为左侧显示 title,右侧显示 detail。

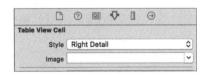

图 5-13 设置单元格的显示风格

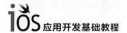

然后,打开视图画布,选中 Table View Cell,在其右侧的属性面板中设置 Identifier 为 UITableViewCell,如图 5-14 所示。在后面的单元格创建时将用到 Identifier。

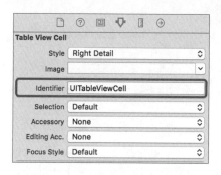

图 5-14　设置单元格的 Identifier 属性

完成上述工作后就可以开始配置表格视图的显示了。打开表格视图控制器 StudentPerformanceTableViewController 类,添加代码,如图 5-15 所示。这里重载协议 UITableViewDataSource 中的方法 tableView(_:numberOfRowsInSection:),该方法通知 UITableView 一共有多少行单元格需要显示。由于本例中只有一节,所以只需要通知 UITableView 有多少行即可;如果有多节,还需要设置节数。

```
override func tableView(_ tableView: UITableView, numberOfRowsInSection
    section: Int) -> Int {

    return studentsInfo.studentsCollection.count

}
```

图 5-15　设置表格视图的行数

如图 5-16 所示,重载协议 UITableViewDataSource 中的方法 tableView(_:cellForRowAt:),该方法通知 UITableView 需要显示的每一个单元格的内容。其中 UITableView 的方法 dequeueReusableCell(withIdentifier:)将会在内存中查找 Indentifier 属性为 UITableViewCell 的单元格。如果找到就重用该单元格;如果没找到,则按照该单元格创建一个。这种机制可以重用单元格资源,从而节省大量的内存资源。

编译和运行项目,如图 5-17 所示,表格视图中的数据显示正确,但是表格的第一行单元格与系统的状态栏数据挤在了一起。显然这是显示方面的问题,下面来解决这个问题。

```
override func tableView(_ tableView: UITableView, cellForRowAt indexPath:
    IndexPath) -> UITableViewCell {

    let cell = tableView.dequeueReusableCell(withIdentifier:
        "UITableViewCell", for: indexPath)

    let student = studentsInfo.studentsCollection[indexPath.row]

    cell.textLabel?.text = student.name
    cell.detailTextLabel?.text = "\(student.score)"

    return cell
}
```

图 5-16　设置表格视图的单元格数据

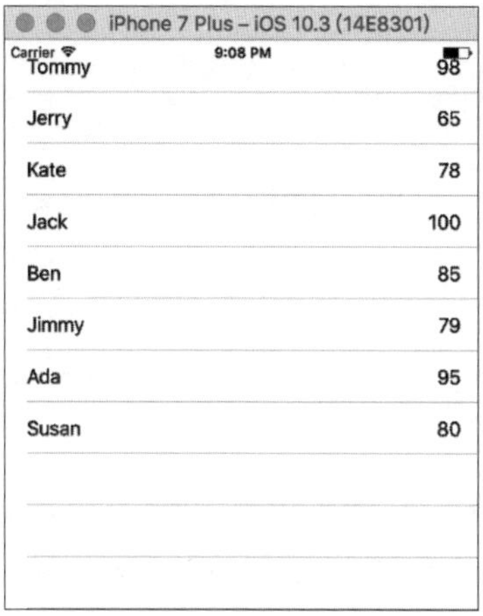

图 5-17　应用 StudentPerformance 的运行效果

　　如图 5-18 所示，重载 viewDidLoad 方法，在该方法中添加代码。首先，取得系统
状态栏的高度，然后将该高度设置为 UITableView 的顶点的 top 值，其他值不变。换
句话说，就是 UITableView 整体平移到状态栏下面，这样就不会发生重叠了。

```
override func viewDidLoad() {

    let statusBarHeight = UIApplication.shared.statusBarFrame.height

    let insets = UIEdgeInsets(top: statusBarHeight, left: 0, bottom: 0,
        right: 0)

    tableView.contentInset = insets

    tableView.scrollIndicatorInsets = insets

}
```

图 5-18　设置表格视图显示位置

再次进行编译和运行,改进后的运行效果如图 5-19 所示,达到了预期效果。

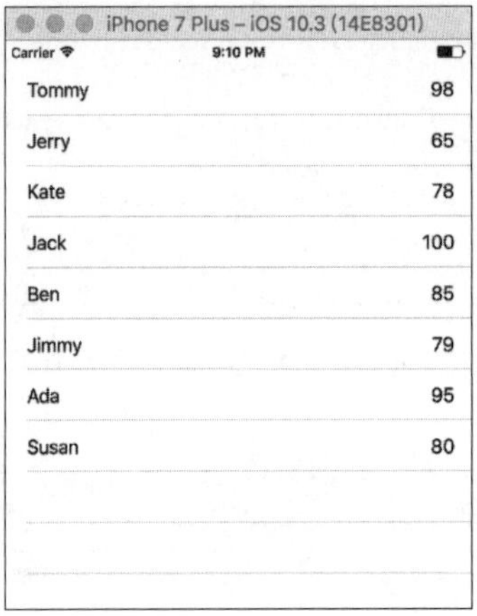

图 5-19　应用 StudentPerformance 改进后的运行效果

5.2　编辑表格视图

表格视图 UITableView 的属性 editing 用来表示表格视图是否处于编辑状态,当处于编辑状态时 editing 为 true,否则为 false。当表格视图进入编辑状态时,就可以对表格视图中的单元格进行操作,本节主要介绍最常见的几个操作的实现方法,例如添加单元格、删除单元格、移动单元格。还有很多其他的单元格操作,读者可以查阅苹果官方文档。虽然操作不同,相关的函数也不同,但是实现的方法和思路是类似的。

下面,通过在 5.1 节实例的基础上添加上述的几种常用表格视图编辑功能,介绍扩展表格视图编辑功能的方法。

实例:学生成绩表 2.0

本例将在学生成绩表 1.0 的基础上增加单元格的创建、删除和移动等编辑功能。

打开 5.1 节的项目 StudentPerformance,选中故事板,从空间库中拖曳一个 UIView 到表格视图中的单元格 PrototypeCells 上面,也就是表头的位置,如图 5-20 所示。

然后,再从控件库中拖曳两个 UIButton,分别放置在 UIView 的左右两端,并将

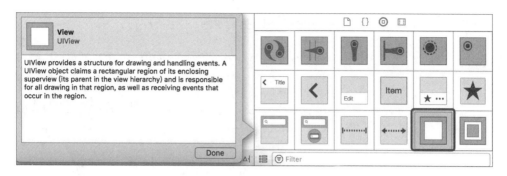

图 5-20 控件库中的 UIView

其 title 分别修改为 Edit Mode(用来切换编辑模式)和 Add Student(用来增加学生成绩记录),如图 5-21 所示。

接着,建立这两个按钮与表格视图控制器的连接关系。如图 5-22 所示,分别创建按钮 Add Student 和按钮 Edit Mode 的动作处理函数。

```
@IBAction func addStudent(_ sender: UIButton) {

}

@IBAction func shiftEditMode(_ sender: UIButton) {

}
```

图 5-21 设置表头的两个按钮   图 5-22 按钮 Add Student 和 Edit Mode 的动作处理函数

先来编写切换表格视图编辑模式的代码,如图 5-23 所示。isEditing 是 UITableViewController 的表示是否处于编辑状态的布尔变量。如果 isEditing 为 true,则当前已处于编辑状态,此时单击切换按钮则应该重新进入非编辑状态。这里通过方法 setEditing 来设置编辑状态的属性。当编辑状态切换的时候,修改按钮的标题增加了应用的用户友好性。

编译并运行项目,如图 5-24 所示,单击 Edit Mode 按钮进入表格的编辑状态。但是,单击 Delete 后,什么也没有发生,说明还没有编写删除单元格的动作处理代码。

下面,实现按钮 Add Student 的动作处理函数。单击按钮 Add Student 后,需要向表格中增加一条学生成绩记录,分两步来实现。

第一步,在 StudentsInfo 类中定义一个新的函数 addStudent,用来创建一个新的学生成绩记录,将其添加到学生记录数组中,并返回这条学生成绩记录,如图 5-25 所示。

```
@IBAction func shiftEditMode(_ sender: UIButton) {
    if isEditing {
        sender.setTitle("Edit Mode", for: .normal)
        setEditing(false, animated: true)
    } else {
        sender.setTitle("Submit", for: .normal)
        setEditing(true, animated: true)
    }
}
```

图 5-23　切换编辑模式的动作处理函数

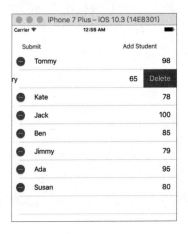

图 5-24　项目 StudentPerformance2.0 的运行界面

```
func addStudent() -> Student {
    let theStudent = Student(name: "The Student",score: 100)
    studentsCollection.append(theStudent)
    return theStudent
}
```

图 5-25　添加一个学生成绩记录

　　第二步,编写按钮 Add Student 的动作处理函数,如图 5-26 所示。首先,创建一个学生成绩对象。然后,根据该对象在学生数组中的序号,添加到表格视图中相应的位置。这里调用了 UITableView 中的方法 insertRows(at：[IndexPath], with：UITableViewRowAnimation)向表格中添加一个单元格。

```
@IBAction func addStudent(_ sender: UIButton) {

    let theStudent = studentsInfo.addStudent()

    if let theIndex = studentsInfo.studentsCollection.index(of:
        theStudent) {

        let theIndexPath = IndexPath(row: theIndex, section: 0)

        tableView.insertRows(at: [theIndexPath], with: .
            automatic)

    }

}
```

图 5-26　按钮 Add Student 的动作处理函数

再次编译并运行项目,如图 5-27 所示,表格中的最后 5 条记录就是通过按钮 Add Student 添加进来的。

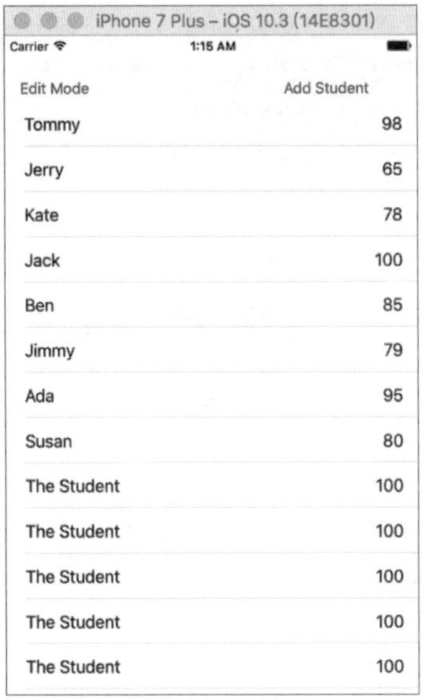

图 5-27　添加学生后的项目运行结果

下面实现删除单元格的功能。同样也是分两步来完成。第一步,在 StudentsInfo 类中增加一个删除学生成绩记录的函数,如图 5-28 所示。

第二步,在表格视图控制器对象中重载协议 UITableViewDataSource 中的方法 tableView(UITableView,commit:UITableViewCellEditingStyle,forRowAt:IndexPath),该方法在插入或删除单元格的时候触发。如图 5-29 所示,先判断当前的编辑风格是否为删除,如果是,则进行删除的相关处理,包括:根据单元格在表格中的序号来获取

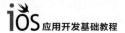

```
func deleteStudent(_ theStudent: Student) {
    if let theIndex = studentsCollection.index(of: theStudent) {
        studentsCollection.remove(at: theIndex)
    }
}
```

图 5-28　删除学生成绩记录函数

被删除学生记录，然后调用 StudentsInfo 类中的方法 deleteStudent 从数组中删除该学生记录，最后调用 UITableView 的方法 deleteRows（at：［IndexPath］，with：UITableViewRowAnimation）来删除表格中的单元格。

```
override func tableView(_ tableView: UITableView, commit editingStyle:
    UITableViewCellEditingStyle, forRowAt indexPath: IndexPath) {
    if editingStyle == .delete {
        let theStudent = studentsInfo.studentsCollection[indexPath.row]
        studentsInfo.deleteStudent(theStudent)
        tableView.deleteRows(at: [indexPath], with: .automatic)
    }
}
```

图 5-29　在表格视图中删除单元格

继续实现移动单元格的功能。实现方法与删除类似。如图 5-30 所示，在 StudentsInfo 类中增加移动数组记录所在位置的方法。

```
func transferPosition(sourceIndex: Int, destinationIndex: Int) {
    if sourceIndex != destinationIndex {
        let theStudent = studentsCollection[sourceIndex]
        studentsCollection.remove(at: sourceIndex)
        studentsCollection.insert(theStudent, at: destinationIndex)
    }
    return
}
```

图 5-30　移动学生成绩记录在数组中的位置

如图 5-31 所示，在表格视图控制器对象中重载协议 UITableViewDataSource 中的方法 tableView(UITableView, moveRowAt：IndexPath, to：IndexPath)。

最后，再次编译并运行程序，检查应用的添加、删除、移动等功能。

```
override func tableView(_ tableView: UITableView, moveRowAt
    sourceIndexPath: IndexPath, to destinationIndexPath: IndexPath) {

    studentsInfo.transferPosition(sourceIndex: sourceIndexPath.row,
        destinationIndex: destinationIndexPath.row)

}
```

图 5-31　在表格视图中移动单元格

5.3　表格视图单元格

　　表格视图单元格类 UITableViewCell 负责设置单元格的内容、背景（包括文本、图片以及自定义视图）、状态、附属视图以及单元格内容编辑的初始化。当在表格视图中创建单元格时，既可以使用系统默认的风格，也可以自定义单元格。系统预先定义好的默认的单元格风格是不能改变的，包括其中的子视图（如 UILabel 或 UIImage）位置和尺寸等。使用这种默认的单元格风格，只需要提供内容即可。对于大多数应用来说，表格视图的单元格默认提供的 textLabel、detailTextLabel、imageView 就能满足需要了。当不能满足时，就需要通过继承 UITableViewCell 的方式来自定义单元格的内容了。

　　自定义单元格视图时，要手动添加需要的子视图控件。这里要注意，不能将子视图直接添加到单元格上，而是要添加到单元格的 contentView 上。差别在于，contentView 在程序运行的时候会根据情况自动调节尺寸，不会出现显示异常。例如，当表格视图进入编辑状态时，单元格前面会出现"-"按钮，后面出现"删除"按钮，从而单元格会被压缩，此时 contentView 则会自动按比例调整尺寸。

　　下面，进一步在 5.2 节的实例"学生成绩表 2.0"的基础上，通过自定义单元格来增加一个新的字段信息。

实例：学生成绩表 3.0

　　本例在学生成绩表 2.0 的基础上，在表格视图中增加学号字段的显示，从而使用自定义的单元格。

　　首先，定义一个单元格的类，打开 5.2 节的项目 StudentPerformance，创建 UITableViewCell 的子类 StudentCell，如图 5-32 所示。

然后,关联 StudentCell 类和故事板中的 Cell 视图。如图 5-33 所示,选中视图导航栏中的 UITableViewCell。

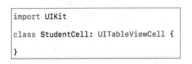

```
import UIKit

class StudentCell: UITableViewCell {

}
```

图 5-32　创建 StudentCell 类

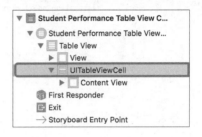

图 5-33　选中 UITableViewCell

在右侧的属性编辑框中设置 Table View Cell 的 Style 为 Custom,即选择自定义风格,而不是系统默认定义的几种风格,如图 5-34 所示。

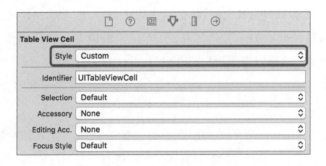

图 5-34　设置单元格为自定义风格

在属性编辑框中继续设置 Table View Cell 的 Custom Class 为 StudentCell,如图 5-35 所示。

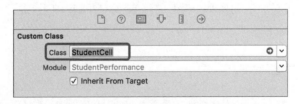

图 5-35　设置 Class 属性为 StudentCell

接着,向单元格视图的 ContentView 中添加 3 个 UILabel,分别用来显示学生的姓名、学号和成绩,如图 5-36 所示。

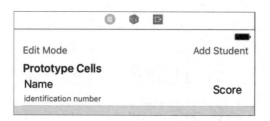

图 5-36　向 ContentView 中添加 UILabel

设置完单元格视图后,将单元格的 3 个 UILabel 连接到 StudentCell 类中,如图 5-37 所示。

```
import UIKit
class StudentCell: UITableViewCell {
    @IBOutlet var nameLabel: UILabel!
    @IBOutlet var scoreLabel: UILabel!
    @IBOutlet var idLabel: UILabel!
}
```

图 5-37　建立 StudentCell 类中的连接关系

在本例中,增加一个字段 id(学号),因此要修改原来的数据模型。如图 5-38 所示,先修改 Student 类,增加 id 字段。

```
import UIKit
class Student: NSObject {

    var name: String
    var score: Int
    var id: String

    init(name: String, score: Int, id: String) {

        self.name = name
        self.score = score
        self.id = id
        super.init()

    }
}
```

图 5-38　向 Student 类中增加 score 属性

继续修改数据模型中的 StudentInfo 类,如图 5-39 所示。

修改完数据模型后,还需要修改表格视图控制器中用来显示单元格内容的

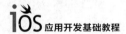

```
init() {

    let nameOfStudents =
        ["Tommy","Jerry","Kate","Jack","Ben","Jimmy","Ada","Susan"]

    let scoreOfStudents = [98,65,78,100,85,79,95,80,83]

    let idOfStudents =
        ["37060101","37060102","37060103","37060104","37060105","37060106",
        "37060107","37060108"]

    for i in 0...(nameOfStudents.count-1) {

        let theStudent = Student(name: nameOfStudents[i], score:
            scoreOfStudents[i], id: idOfStudents[i])

        studentsCollection.append(theStudent)

    }

}

func addStudent() -> Student {

    let theStudent = Student(name: "The Student",score: 100,id:
        "37060109")

    studentsCollection.append(theStudent)

    return theStudent

}
```

图 5-39　修改 StudentInfo 类中与 id 相关部分

UITableViewDataSource 协议方法 tableView(_ tableView：UITableView，cellForRowAt indexPath：NSIndexPath)，如图 5-40 所示。

```
override func tableView(_ tableView: UITableView, cellForRowAt
    indexPath: IndexPath) -> UITableViewCell {

    let cell = tableView.dequeueReusableCell(withIdentifier:
        "UITableViewCell", for: indexPath) as! StudentCell

    let student = studentsInfo.studentsCollection[indexPath.row]

    cell.nameLabel.text = student.name
    cell.idLabel.text = student.id
    cell.scoreLabel.text = "\(student.score)"

    return cell

}
```

图 5-40　修改数据源协议中单元格显示的相关方法

编译并运行程序,运行结果如图 5-41 所示。

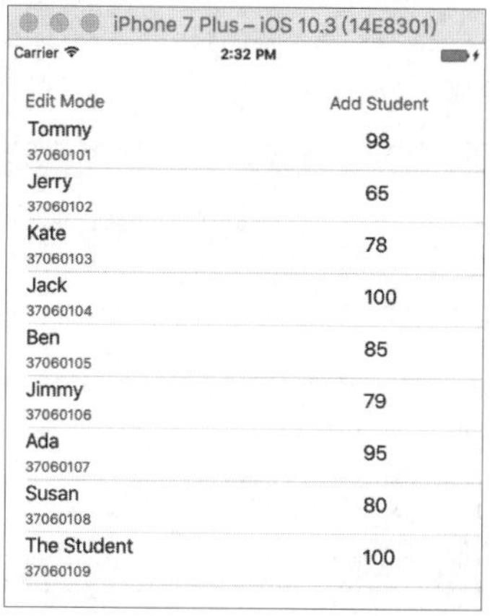

图 5-41　学生成绩表 3.0 应用的运行效果

5.4　表格视图刷新

表格视图的下拉刷新是苹果应用中常见的功能。在 iOS 系统中刷新功能可以通过控件 UIRefreshControl 来实现。UITableViewController 本身就自带 refreshControl 属性，默认值为 nil。当要使用刷新控件时，直接设置表格视图的刷新控件的属性即可。设置完毕，刷新控件会在表格视图的顶部出现。下面为 5.3 节的例子增加数据刷新的功能。

实例：学生成绩表 4.0

本例将在学生成绩表 3.0 的基础上，增加表格视图的下拉刷新功能，每次刷新后都增加一行新的数据。

在学生成绩表 3.0 项目的基础上只需要对 StudentPerformanceTableViewController.swift 做两处修改即可。

首先，在方法 viewDidLoad 中添加创建 UIRefreshControl 的代码，如图 5-42 所示。第一行是创建一个刷新控件的实例 theRefreshControl；第二行是设置刷新控件的属性 attributedTitle，即下拉的时候显示的标题；第三行是为刷新控件绑定 UIControlEvents.valueChanged 事件的处理函数 refreshing；第四行是将新定制的刷

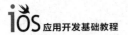

新控件赋值给视图控制器的刷新控件。

```
override func viewDidLoad() {

    let statusBarHeight = UIApplication.shared.statusBarFrame.
        height

    let insets = UIEdgeInsets(top: statusBarHeight, left: 0,
        bottom: 0, right: 0)

    tableView.contentInset = insets

    tableView.scrollIndicatorInsets = insets

    //add refreshControl into view
    let theRefreshControl = UIRefreshControl()

    theRefreshControl.attributedTitle =
        NSAttributedString(string: "refreshing")

    theRefreshControl.addTarget(self, action: #selector
        (refreshing), for: UIControlEvents.valueChanged)

    refreshControl = theRefreshControl

}
```

图 5-42　定制刷新控件

其次,编制刷新控件的 UIControlEvents.valueChanged事件处理函数 refreshing。判断当前刷新控件的状态是否为刷新中,如果正在刷新,再继续执行后续的流程,设置刷新中的 attributedTitle,向 studentsInfo 中添加一个学生记录,调用刷新控件的 endRefreshing 方法结束刷新状态,重置 attributedTitle 为 refreshing。最后,调用 tableView 的方法 reloadData,该方法会重新载入表格视图中的数据,如图 5-43 所示。

```
func refreshing() {

    if (refreshControl?.isRefreshing == true) {

        refreshControl?.attributedTitle = NSAttributedString
            (string: "loading...")

        studentsInfo.addStudent()

        refreshControl?.endRefreshing()

        refreshControl?.attributedTitle = NSAttributedString
            (string: "refreshing")

        tableView.reloadData()
    }
}
```

图 5-43　刷新时调用的方法

编译并运行项目,程序启动后,下拉列表会出现刷新图标和文字 refreshing,刷新后,表格在末尾多了一行新数据。

第 6 章

导　　航

在苹果应用中,导航控制器负责将所有页面有条理地组织起来,为用户提供更好的使用体验。具有导航作用的视图控制器包括标签栏控制器 UITabBarController、分页控制器 UIPageViewController、导航控制器 UINavigationController 等。本章对这几种导航控制器进行介绍,最后会结合第 5 章的表格视图,用导航控制器 UINavigationController 来构建树状导航。

6.1　标签栏导航

标签栏控制器(UITabBarController)管理多个互斥显示的可选界面,它根据用户对不同标签的选择,显示对应的子视图控制器的界面。

标签栏在界面的底部,由一系列图标和标题对组成。每一组图标和标题构成一个标签,对应一个特定的自定义视图控制器。当用户选择特定的标签时,标签栏控制器将会显示与其对应的视图控制器的视图,取代原来显示的视图。iPhone 系统自带的应用"时钟"就是一个典型的用标签栏来组织页面的例子。如图 6-1 所示,"时钟"应用的底部为 5 个标签组成的标签栏,每一个标签对应一个特定的功能页面,通过单击不同的标签可以切换到不同的功能页面,图 6-1 中分别给出了标签"世界时钟""就寝""秒表"所对应的界面。

在构建标签栏控制器时,需要将每一个标签和对应的视图控制器关联起来。在实

图 6-1　iPhone 时钟应用的标签栏界面

际显示的时候,由于标签栏占用了屏幕底部区域,因此标签栏控制器会对每一个视图进行缩放,从而与标签栏中的视图显示尺寸匹配。标签栏中的每一个标签项也有其对应的视图控制器 UITabBarItem,通常需要对其标题 title 和图标 image 属性进行配置。

当用户在操作标签栏时,标签栏控制器将会发送相应通知给它的委托。标签栏控制器的委托可以是任何遵守 UITabBarControllerDelegate 协议的对象。通过委托对象可以阻止特定的标签被选中,或者当某个标签被选中时执行特定的任务。例如:

```
func tabBarController(UITabBarController, shouldSelect: UIViewController)
```

当某个标签被单击后,标签栏控制器将会发送通知给委托对象,并询问是否激活特定的视图控制器。

实例:复合应用(汇兑和检索)

下面,通过 UITabBarController 来实现该实例。

本例要求将 4.1 节和 4.2 节中的货币兑换应用和关键字检索应用合并到一个应用中,通过标签来切换不同应用的界面。

通过 Single View Application 模板来创建工程 TabTwoScreens。模板会默认建

立一个 Main. storyboard 故事板文件和一个 ViewController. swift 文件，删除 ViewController. swift 文件。

　　根据项目需求，要将前两节的应用整合到 TabTwoScreens 中，这里不需要编写新的视图控制器代码。向项目中添加应用 ExchangeRMBToDollar 的文件 ExchangeViewController. swift 和 SearchKeyword 应用的文件 SearchViewController. swift，如图 6-2 所示，在项目文件树中可以看到新添加进来的两个视图控制器文件。

　　下面构建用户界面。打开故事板文件 Main. storyboard，选中 ViewController，在右侧属性面板中设置自定义类的属性为 SearchViewController，从而为故事板中的视图控制器指定其对应的视图控制器文件，如图 6-3 所示。这样便建立了视图控制器文件 SearchViewController. swift 与故事板的关联关系。

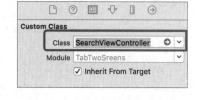

图 6-2　向 TabTwoScreens 项目中添加视图控制器文件　　图 6-3　指定视图控制器的类

　　在故事板中选中视图，根据应用 SearchKeyword 的界面设计向其中添加控件，然后为相关的控件设置委托对象，另外，还需建立相关控件与 SearchViewController. swift 文件的连接。

　　需要注意：视图中的控件与视图控制器文件的连接关系需要全部重新建立，否则系统会报错，因为原来视图控制器文件中的连接关系是在另一个项目中的。

　　下面向项目中添加标签导航。在菜单中选择 editor→embed in→Tab Bar Controller 命令，系统会自动在故事板中创建一个 Tab Bar Controller 的视图，并建立与视图控制器 SearchViewController 的连接关系。如图 6-4 所示，用户界面的最下面出现了一个正方形图标和文字 Item，该控件称为标签项（tab item）。当有多个视图界面的时候，就应该有多个标签项与其对应。

　　目前项目中只有一个应用 SearchKeyword 的界面，还需要手动添加

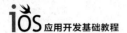

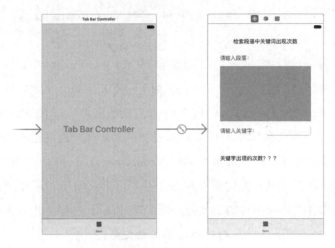

图 6-4　添加标签导航

ExchangeRMBToDollar 应用的界面。在控件库中找到 View Controller，并将其拖曳到故事板中，如图 6-5 所示。

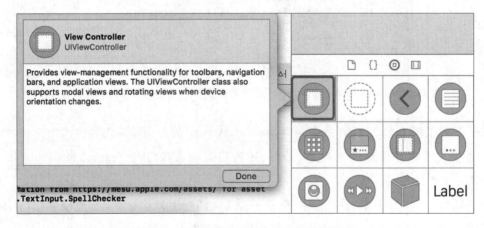

图 6-5　向标签导航项目中添加视图控制器

　　此时，该视图控制器是孤立的，与 Tab Bar Controller 并没有关联。选中 Tab Bar Controller，按住 Shift 键和鼠标左键，拖出一条线连接到新加入的视图控制器上，在弹出框中选择 view controllers，如图 6-6 所示。

　　然后，在故事板中选中这个视图控制器，根据应用 ExchangeRMBToDollar 的界面设计向其中添加控件，然后为相关的控件设置委托对象。另外，还需建立相关控件与 ExchangeViewController. swift 文件的连接。

此时，视图控制器 SearchKeyword 和 ExchangeRMBToDollar 都被添加到 Tab Bar Controller 之中了，如图 6-7 所示，可以看到 3 个视图控制器之间的关联关系。

编译并运行项目，查看应用的实际运行效果，如图 6-8 所示，应用默认打开的是检索关键字的页面，通过底部标签栏，可以切换到人民币兑换美元的页面，效果与设计要求一致。

图 6-6　在弹出框中选择
view controllers

项目运行的时候可以看到底部标签栏只显示了文字 Item，可以通过设置标签的属性为每一个标签设定不同的标题和图标，以增强应用的用户友好性。

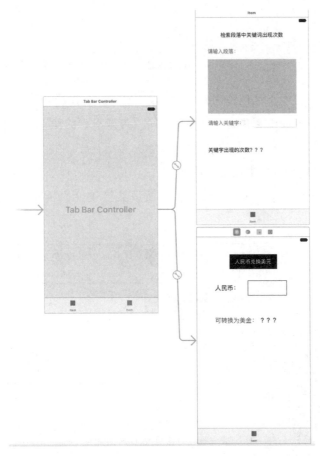

图 6-7　含有两个子视图控制器的标签栏控制器

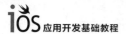

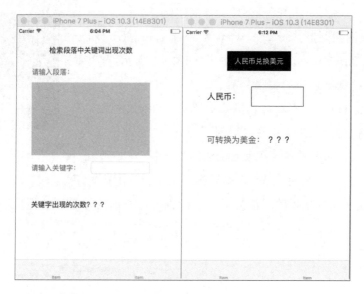

图 6-8　添加两个子视图控制器的项目运行效果

首先,要向项目中添加用作图标的图片。

需要注意,标签的图片最好是背景透明的,否则显示效果不佳。图片需要提供 3 个尺寸(145×97,97×65,49×33,单位为像素),以适用于不同的苹果设备。

在左侧的项目文件树中选中资源文件 Assets. xcassets,然后单击 add 添加新的文件夹,并命名为 exchangeIcon,用来保存人民币兑换美元页面的标签图片,如图 6-9 所示。

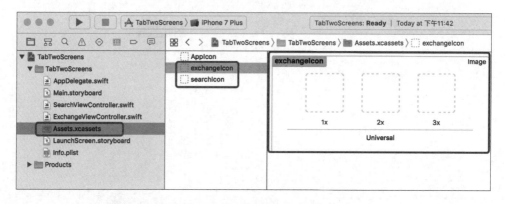

图 6-9　向项目中添加图片

如图 6-10 所示,将事先准备好的图片分别拖入 searchIcon 和 exchangeIcon 的图片区。

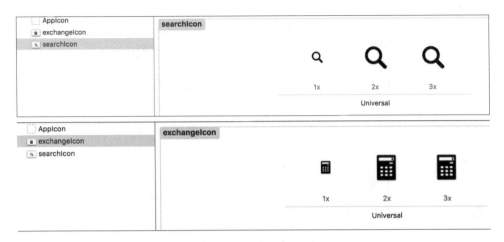

图 6-10　添加了两个标签的图标文件

准备好图片后就可以设置标签项的标题和图标了。打开故事板文件,选中 Item Scene 中的 Item,在右侧的属性面板中分别设置该标签的标题和图标文件,如图 6-11 所示。

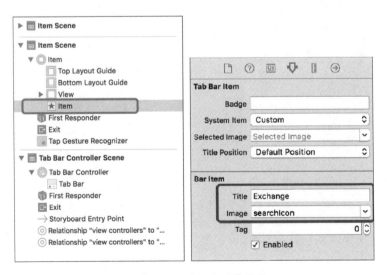

图 6-11　设置标签项的属性

分别设置 Exchange 和 Search 两个标签，设置完成后，可以看到中间的视图画布已经更新为如图 6-12 所示。

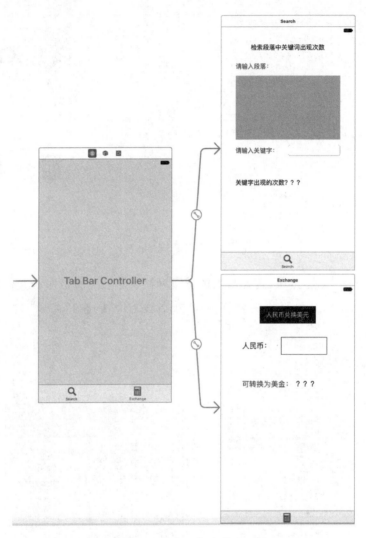

图 6-12　设置完标签的视图画布

最后，再次编译和运行项目，最终的显示效果如图 6-13 所示，符合设计要求。

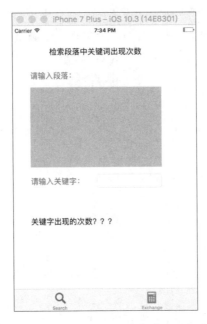

图 6-13　Tab TwoScreens 应用最终运行效果

6.2　分页控制器

分页控制器 UIPageViewController 是一个容器视图控制器,它负责管理多个页面视图的切换。分页控制器需要通过编写代码的方式来实现,没有相应的视图控件可以直接使用。

在使用分页控制器时,需要为所有页面定义好相应的视图控制器。当显示某一个页面的内容时,使用方法 setViewContronllers(_:direction:animated:completion:)来设置当前显示页面的控制器。

分页控制器需要遵守两个协议:UIPageViewControllerDataSource(分页控制器数据源协议)和 UIPageViewControllerDelegate(分页控制器委托协议)。

分页控制器数据源协议负责根据分页控制器接收到的导航手势,提供相应的页面视图控制器,显示当前页面。这里,介绍两个协议中必须重载的方法:

pageViewController(UIPageViewController, viewControllerBefore: UIViewController):该方法返回当前显示的视图控制器前面的一个视图控制器,用于向前翻页。

pageViewController（UIPageViewController，viewControllerAfter：UIViewController）：该方法返回当前显示的视图控制器后面的一个视图控制器,用于向后翻页。

分页控制器委托协议负责接收用户导航到新页面的通知。这里只介绍两个协议中常用的方法：

pageViewController（UIPageViewController，didFinishAnimating：Bool，previousViewControllers：[UIViewController]，transitionCompleted：Bool）：该方法在翻页动作完成后被调用。

pageViewController（UIPageViewController，spineLocationFor：UIInterfaceOrientation）：该方法返回页脊的位置。

实例：古文显示

本例要求通过 UIPageViewController 实现将古文《岳阳楼记》的 5 个段落分为 5 页来显示。

通过 Single View Application 模板来创建工程 AncientArticleShow。模板会默认建立一个 Main.storyboard 故事板文件和一个 ViewController.swift 文件,删除这两个文件。重新创建一个 ViewController.swift 文件,用来编写 UIPageViewController 的子类。

由于模板将默认创建的 Main.storyboard 作为项目的主界面,删除该文件后需要将项目主界面设置为空,否则系统会找不到该文件而报错。具体操作是：选中项目文件树中的根节点 AncientArticleShow（如图 6-14 所示）,然后在打开的右侧配置页面中,选中 General 页面,在表单中将选项 MainInterface 设置为空,如图 6-15 所示。

本例中由于没有故事板文件,所以要手动编写视图显示部分的代码。打开文件 AppDelegate.swift,添加设置显示界面的代码,如图 6-16 所示。

图 6-14　选中项目的根节点

首先为应用创建一个 UIWindow,然后设置该视窗的根视图为新创建的 ViewController 的实例,最后显示该视窗。

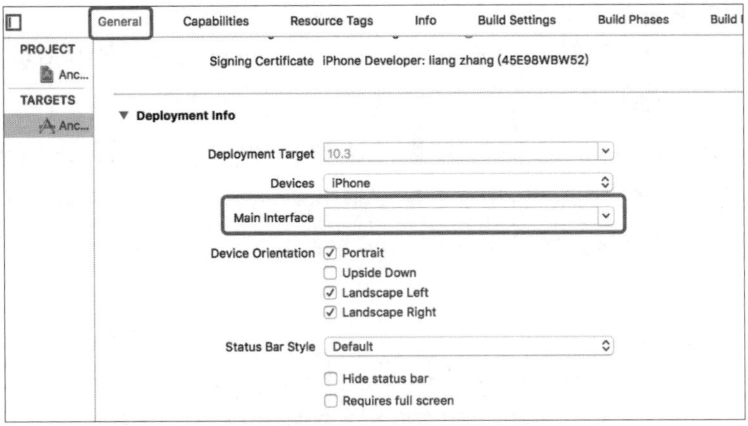

图 6-15　设置项目的主界面

```
func application(_ application: UIApplication,
    didFinishLaunchingWithOptions launchOptions:
    [UIApplicationLaunchOptionsKey: Any]?) -> Bool {

    self.window = UIWindow(frame: UIScreen.main.bounds)
    self.window?.rootViewController = ViewController()
    self.window?.makeKeyAndVisible()

    return true
}
```

图 6-16　设置显示界面

下一步,编写用于显示的视图控制器 ViewController 类。

首先,如图 6-17 所示,定义该类遵守分页控制器数据源协议和委托协议。在类的声明部分定义相关变量并赋初始值。其中,pageIndex 表示当前页序号,初始值为 0;pageCounts 表示页数,初始值为 5;forward 表示向前翻页,用整数 1 表示;back 表示

```
import UIKit

class ViewController: UIViewController, UIPageViewControllerDataSource,
    UIPageViewControllerDelegate {

    var pageIndex = 0

    let pageCounts = 5

    let forward = 1

    let back = 2

    var direction = 2

    var pageViewController: UIPageViewController!

    var viewControllers = [UIViewController]()
```

图 6-17　类的协议和相关变量声明

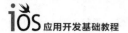

向后翻页,用整数 2 表示;direction 表示当前的翻页方向,初始为向后翻页,故初始值为 2;pageViewController 为分页控制器;viewControllers 为视图控制器数组,每一个元素为一个页面的视图控制器。

接着,重载方法 viewDidLoad。如图 6-18 所示,设置显示的页面视图的尺寸,这里先计算出系统状态栏的高度,把这个高度空出来显示状态栏,避免状态栏与页面视图内容的重叠。另外,还设置了字体的大小。

```swift
override func viewDidLoad() {

    super.viewDidLoad()

    let statusBarHeight = UIApplication.shared.statusBarFrame.height

    let insets = UIEdgeInsets(top: statusBarHeight, left: 0, bottom: 0,
        right: 0)

    let theAttributes = [NSFontAttributeName: UIFont.systemFont(ofSize:
        30), NSParagraphStyleAttributeName: NSMutableParagraphStyle()]
```

图 6-18　设置视图尺寸和字体大小

如图 6-19 所示,定义字符串数组变量 paragraph,每一个数组元素存储一段文字。另外,定义了 UITextView 数组类型的变量 textViews,每一个文本编辑区对应一段文字。

```swift
var paragraphs = [String]()
paragraphs.append("庆历四年春, 滕子京谪守巴陵郡。越明年, 政通人和, 百废具兴。
    乃重修岳阳楼, 增其旧制, 刻唐贤今人诗赋于其上。属予作文以记之。")
paragraphs.append("予观夫巴陵胜状, 在洞庭一湖。衔远山, 吞长江, 浩浩汤汤, 横无
    际涯; 朝晖夕阴, 气象万千。此则岳阳楼之大观也, 前人之述备矣。然则北通巫峡, 南极
    潇湘, 迁客骚人, 多会于此, 览物之情, 得无异乎?")
paragraphs.append("若夫淫雨霏霏, 连月不开, 阴风怒号, 浊浪排空; 日星隐曜, 山岳
    潜形; 商旅不行, 樯倾楫摧; 薄暮冥冥, 虎啸猿啼。登斯楼也, 则有去国怀乡, 忧谗畏
    讥, 满目萧然, 感极而悲者矣。")
paragraphs.append("至若春和景明, 波澜不惊, 上下天光, 一碧万顷; 沙鸥翔集, 锦鳞
    游泳; 岸芷汀兰, 郁郁青青。而或长烟一空, 皓月千里, 浮光跃金, 静影沉璧, 渔歌互
    答, 此乐何极! 登斯楼也, 则有心旷神怡, 宠辱偕忘, 把酒临风, 其喜洋洋者矣。")
paragraphs.append("嗟夫! 予尝求古仁人之心, 或异二者之为, 何哉? 不以物喜, 不以
    己悲; 居庙堂之高则忧其民; 处江湖之远则忧其君。是进亦忧, 退亦忧。然则何时而乐
    耶? 其必曰"先天下之忧而忧, 后天下之乐而乐"乎。噫! 微斯人, 吾谁与归?")

var textViews = [UITextView]()
```

图 6-19　定义变量 paragraphs 和 textViews

如图 6-20 所示,UITextView 和 UIViewController 的实例,并通过循环的方式赋值给变量 textViews 和 viewControllers。

如图 6-21 所示,通过循环的方式,将 textViews 中的每一个元素依次添加到 viewControllers 中的每一个视图控制器中。

```
for _ in 0...pageCounts-1 {
    let textView = UITextView(frame: self.view.frame)
    textView.contentInset = insets
    textViews.append(textView)
    let viewController = UIViewController()
    viewControllers.append(viewController)
}
```

图 6-20　创建 textViews 和 viewControllers 实例

```
for i in 0...pageCounts-1 {
    let theTextView = textViews[i]
    theTextView.attributedText = NSAttributedString(string:
        paragraphs[i], attributes: theAttributes)
    self.viewControllers[i].view.addSubview(theTextView)
}
```

图 6-21　将 UITextView 添加到视图控制器中

如图 6-22 所示，创建分页控制器实例，并将其委托对象和数据源对象设置为 viewController。然后，将 viewControllers 中的第一个元素设置为分页控制器的第一页。最后，将分页控制器添加到 viewController 的视图中。

```
self.pageViewController = UIPageViewController(transitionStyle: .
    pageCurl, navigationOrientation: .horizontal, options: nil)

self.pageViewController.delegate = self

self.pageViewController.dataSource = self

self.pageViewController.setViewControllers([viewControllers[0]],
    direction: .forward, animated: true, completion: nil)

self.view.addSubview(self.pageViewController.view)
```

图 6-22　创建并设置分页控制器

另外，还需要编写数据源协议中必须重载的两个方法。图 6-23 为分页控制器向前翻页的处理方法。该方法中，要对当前页码减 1，设置翻页方向为向前翻页。最后要返回目标页的视图控制器。

```
func pageViewController(_ pageViewController: UIPageViewController,
    viewControllerBefore viewController: UIViewController) ->
    UIViewController? {

    pageIndex -= 1

    if (pageIndex < 0){
        pageIndex = 0
        return nil
    }

    direction = forward

    return self.viewControllers[pageIndex]
}
```

图 6-23　数据源协议方法：向前翻页

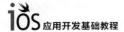

图 6-24 为分页控制器向后翻页的处理方法。该方法中,要对当前页码加 1,设置翻页方向为向后翻页。最后要返回目标页的视图控制器。

```swift
func pageViewController(_ pageViewController: UIPageViewController,
    viewControllerAfter viewController: UIViewController) ->
    UIViewController? {

    pageIndex += 1

    if (pageIndex > pageCounts-1){
        pageIndex = pageCounts-1
        return nil
    }

    direction = back

    return self.viewControllers[pageIndex]
}
```

图 6-24　数据源协议方法:向后翻页

除了重载数据源协议的方法以外,还需要重载委托协议中的两个方法。如图 6-25 所示,设置页脊的位置在最左侧,同时禁用双页显示。

```swift
func pageViewController(_ pageViewController: UIPageViewController,
    spineLocationFor orientation: UIInterfaceOrientation) ->
    UIPageViewControllerSpineLocation {

    self.pageViewController.isDoubleSided = false

    return .min
}
```

图 6-25　设置页脊属性

如图 6-26 所示,当翻页动作完成后,根据翻页的方向,调整当前页码的值。

```swift
func pageViewController(_ pageViewController: UIPageViewController,
    didFinishAnimating finished: Bool, previousViewControllers:
    [UIViewController], transitionCompleted completed: Bool) {

    if (completed == false) {

        if (direction == back) {
            pageIndex -= 1
        }

        if (direction == forward) {
            pageIndex += 1
        }

    }

}
```

图 6-26　翻页动作完成后的处理

编译并运行项目,结果如图 6-27 所示。

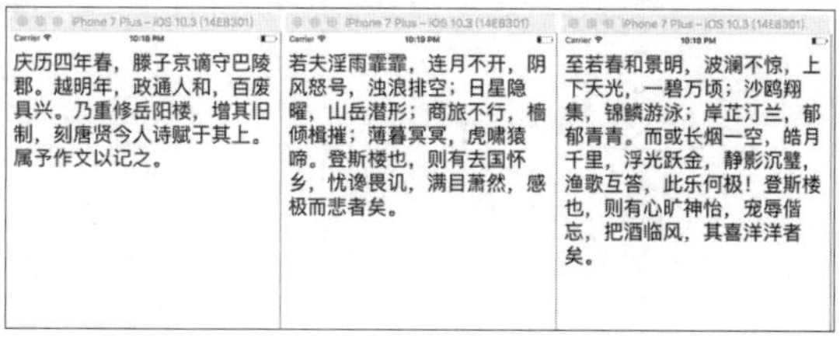

图 6-27　应用 AncientArticleShow 的运行结果

6.3　导航控制器

UINavigationController 导航控制器是一种容器型的视图控制器,它通过导航界面来管理一个或多个子视图控制器,同一时间只能有一个子视图控制器是可见的。

它基于堆栈原理来实现分层内容的导航。当通过导航控制器界面选择了一个视图控制器后,该视图控制器将会从视图堆栈中弹出并显示出来,同时隐藏原来显示的视图控制器。导航控制器中,一般都会在顶部有一个导航栏,用来操作视图的导航,例如在导航栏的最左侧会放置一个返回按钮,通过这个返回按钮,当前的视图控制器将会被删除,新的视图控制器将会从堆栈顶部弹出。

图 6-28 为 iOS 系统的设置应用,是一个典型的导航控制器。第一个界面列出所有系统设置功能分类,选中第一个界面中的“通知”,则会弹出第二个界面。第二个界面中列出了所有应用的通知设置入口,选中第二个界面中的“电话”,则会弹出第三个界面。第三个界面中详细列出了“电话”应用中的所有设置项。在第二和第三个界面中,导航栏的左侧都有一个返回按钮,通过该按钮可以返回上一级视图。而第一个界面为该应用的根节点视图,它是没有返回按钮的,因为它没有父视图。

导航视图控制是通过堆栈原理来对它的子视图进行管理的,视图的存储通过子视图控制器数组来实现的。该数组中的第一个元素就是根节点视图控制器,对应视图控制器堆栈中的底部。数组中的最后一个元素就是当前正在显示的视图控制器,对应视图控制器堆栈中的顶部。在编码时,一般通过视图跳转(segue)来向视图控制器堆栈中添加或者删除视图控制器。对应的用户操作就是:单击导航栏的返回按钮使当前视图弹出堆栈,单击列表中的条目打开下一级页面则是将要显示的视图压入堆栈。

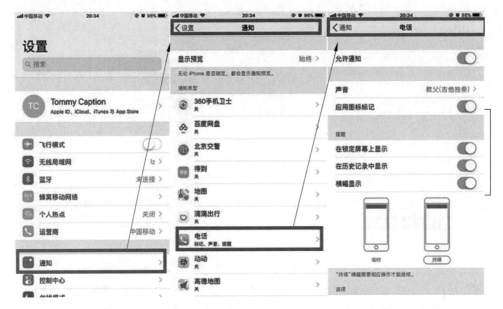

图 6-28　导航控制器示例

如图 6-29 所示导航控制器 UINavigationController 通过属性 viewControllers、navigationBar、toolBar、delegate 来管理相关的对象——视图控制器数组、导航栏 UINavigationBar、工具栏 UIToolBar 和自定义的委托对象。

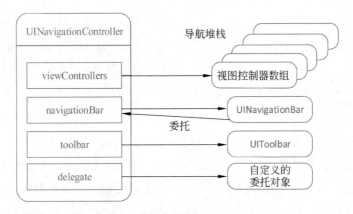

图 6-29　导航控制器的对象关系图

另外，在本节的实例中将使用 NotificationCenter，即通知中心，因此在这里先介绍一下。

通知中心是一种通知分发机制,它将通知信息广播给注册的观察器。一个对象要接收到通知就需要向通知中心注册观察器,可以通过方法 addObserver 来实现。为了接收多个不同的通知,一个对象需要向通知中心注册多个观察器,这是因为每个观察器都只能观察特定的通知。每个应用都有一个默认的通知中心。下面列出了通知中心的几个常用方法:

func addObserver(Any,selector:Selector,name:NSNotification. Name?,object:Any?):负责通知中心注册一个观察器,需要提供处理函数、通知名及发送对象。

func removeObserver(Any,name:NSNotification. Name?,object:Any?):负责将一个观察器从通知中心移除,需要提供通知名。

func post(name:NSNotification. Name,object:Any?, userInfo:[AnyHashable:Any]?＝nil):负责创建一条通知,需要提供通知名、发送对象以及传递的信息。

实例:教务系统登录注册

本例要求设计一个教务系统登录/注册的原型,包含 3 个页面,初始页面为登录页面。在登录页面,学生可以输入学号和密码,单击"登录"按钮将跳转到教务系统的业务页面。如果学生是第一次使用,还可以单击"第一次使用请先注册账号",进入注册页面,完成注册后再次回到初始页面。

通过 Single View Application 模板来创建工程 LoginRegister,如图 6-30 所示。

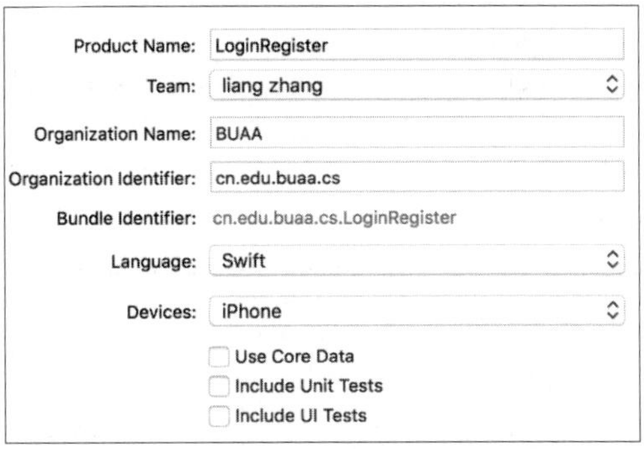

Product Name:	LoginRegister
Team:	liang zhang
Organization Name:	BUAA
Organization Identifier:	cn.edu.buaa.cs
Bundle Identifier:	cn.edu.buaa.cs.LoginRegister
Language:	Swift
Devices:	iPhone

☐ Use Core Data
☐ Include Unit Tests
☐ Include UI Tests

图 6-30　创建工程 LoginRegister

删除模板默认创建的 ViewController. swift 文件,重新创建文件 LoginViewController. swift,作为登录视图的控制器,如图 6-31 所示。

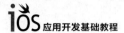

```
import UIKit

class LoginViewController: UIViewController {

    override func viewDidLoad() {
        super.viewDidLoad()
    }

    override func didReceiveMemoryWarning() {
        super.didReceiveMemoryWarning()
    }
}
```

图 6-31　创建登录视图控制器类

创建文件 RegisterViewController. swift，作为注册视图的控制器，如图 6-32 所示。

```
import UIKit

class RegisterViewController: UIViewController {

    override func viewDidLoad() {
        super.viewDidLoad()
    }

    override func didReceiveMemoryWarning() {
        super.didReceiveMemoryWarning()
    }

}
```

图 6-32　创建注册视图控制器类

创建文件 EducationalSystemViewController. swift，作为教务系统业务视图的控制器，如图 6-33 所示。

```
import UIKit

class EducationalSystemViewController: UIViewController {

    override func viewDidLoad() {
        super.viewDidLoad()
    }

    override func didReceiveMemoryWarning() {
        super.didReceiveMemoryWarning()
    }
}
```

图 6-33　创建教务系统业务视图控制器类

创建完视图控制器类后,打开故事板,选中默认建立的视图控制器。然后,选择菜单栏的 Editor→Embedded In→Navigation Controller 命令,这样就将登录视图控制器嵌入导航控制器,如图 6-34 所示。另外,还要设置视图控制器的 custom class 为 LoginViewController。

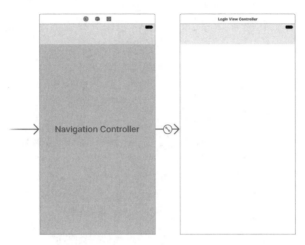

图 6-34　将登录视图控制器嵌入导航控制器

在视图编辑面板中,继续向其中添加注册视图的控制器。具体步骤为:从控件库中拖曳一个 View Controller 到面板中,然后,选择菜单栏的 editor→embedded in→Navigation Controller 命令,这样就将注册视图控制器嵌入了导航控制器,如图 6-35 所示。另外,还要设置视图控制器的 custom class 为 RegisterViewController。

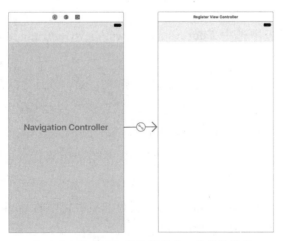

图 6-35　将注册视图控制器嵌入导航控制器

在视图编辑面板中,继续向其中添加教务系统视图的控制器。具体步骤同注册视图控制器。

下一步设计用户界面。在视图编辑面板中选中 LoginViewController,设计登录的界面,如图 6-36 所示。

在视图编辑面板中选中 RegisterViewController,设计注册的界面,如图 6-37 所示。

图 6-36　设计登录的界面

图 6-37　设计注册的界面

在视图编辑面板中选中 EducationalSystemViewController,设计教务系统的界面,如图 6-38 所示。

如图 6-39 所示,添加登录、注册及教务系统这 3 个页面之间的跳转。具体步骤为:选中 LoginViewController,继续选中按钮"登录",按住 Ctrl 键和鼠标左键,移动鼠标拖出一条线到教务系统视图控制器的 Navigation Controller,在弹出的对话框中选择 present modally。同样,选中按钮"第一次使用请先注册账号",拖出一条线到注册视图控制器的 Navigation Controller。

同时打开 LoginViewController.swift 文件和故事板中的 Login View Controller,为两个编辑框分别建立连接,如图 6-40 所示。

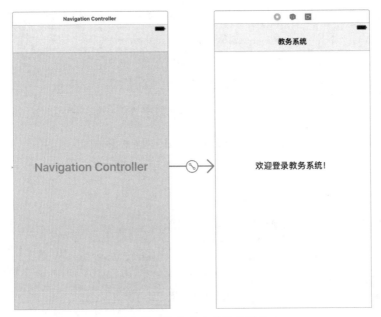

图 6-38　设计教务系统的界面

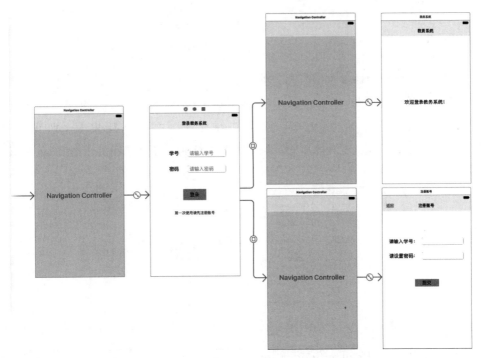

图 6-39　登录、注册及教务系统页面之间的跳转关系

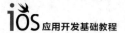

```
import UIKit
class LoginViewController: UIViewController {
    @IBOutlet var studentID: UITextField!
    @IBOutlet var password: UITextField!
```

图 6-40　为 LoginViewController 的编辑框建立连接

同时打开 RegisterViewController. swift 文件和故事板中的 Login View Controller，为两个编辑框分别建立连接，同时为按钮"提交"和"返回"建立动作处理函数，如图 6-41 所示。

```
import UIKit
class RegisterViewController: UIViewController {
    @IBOutlet var studentIDTextField: UITextField!
    @IBOutlet var passwordTextField: UITextField!
    @IBAction func submit(_ sender: Any) {
    }
    @IBAction func back(_ sender: Any) {
    }
}
```

图 6-41　为 RegisterViewController 的编辑框和按钮动作建立连接

下面为视图控制器分别编写相关的处理函数。

打开文件 loginViewController. swift，重载 viewDidLoad 方法，当视图载入完成之前调用该方法。在方法中，向通知中心添加一个观察器，监测名为 RegisterSubmitNotification 的通知，并为其指定处理函数为 autoFillInformation，如图 6-42 所示。

```
override func viewDidLoad() {
    super.viewDidLoad()
    NotificationCenter.default.addObserver(self, selector:
    #selector(autoFillInformation(_:)), name: Notification.
    Name(rawValue: "RegisterSubmitNotification"), object:
    nil)
}
```

图 6-42　向通知中心添加观察器

继续添加通知 RegisterSubmitNotification 的处理函数 autoFillInformation，如

图 6-43 所示。该函数在接收到通知后,负责将通知中传过来的学生信息(学号和密码)添加到对应的编辑框中。

```
func autoFillInformation(_ notification: Notification) {
    let studentInfo = notification.userInfo!
    let theStudentID = studentInfo["studentID"] as! String
    let thePassword = studentInfo["password"] as! String
    studentID.text = theStudentID
    password.text = thePassword
}
```

图 6-43　通知处理函数 autoFillInformation

打开文件 registerViewController. swift,在函数 back 中添加一行代码来消除当前视图,如图 6-44 所示。

```
@IBAction func back(_ sender: Any) {
    self.dismiss(animated: true, completion: nil)
}
```

图 6-44　按钮"返回"的动作处理函数

重载方法 didReceiveMemoryWarning,在函数中添加一行代码,从通知中心移除观察器,如图 6-45 所示。

```
override func didReceiveMemoryWarning() {
    super.didReceiveMemoryWarning()
    NotificationCenter.default.removeObserver(self)
}
```

图 6-45　从通知中心移除观察器

在按钮"提交"的动作处理函数 submit 中添加代码,如图 6-46 所示。同函数 back 类似,这里也是要消除当前视图。不同的是 submit 多了一个回调函数,它负责将用户填写的学号和密码封装到字典类型的变量 studentInfo 中,然后向通知中心发送一条通知,通知名为 RegisterSubmitNotification,用户信息为 studentInfo。

编译并运行项目。如图 6-47 所示,在登录页面单击"第一次使用请先注册账号",进入注册账号的页面,填写完注册信息后,单击按钮"提交",返回登录页面。

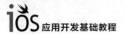

```
@IBAction func submit(_ sender: Any) {

    self.dismiss(animated: true) { () -> Void in

        let studentInfo = ["studentID" :
            self.studentIDTextField.text!, "password": self.
            passwordTextField.text!]

        NotificationCenter.default.post(name: Notification.Name
            (rawValue: "RegisterSubmitNotification"), object:
            nil, userInfo: studentInfo)

    }

}
```

图 6-46　按钮"提交"的动作处理函数

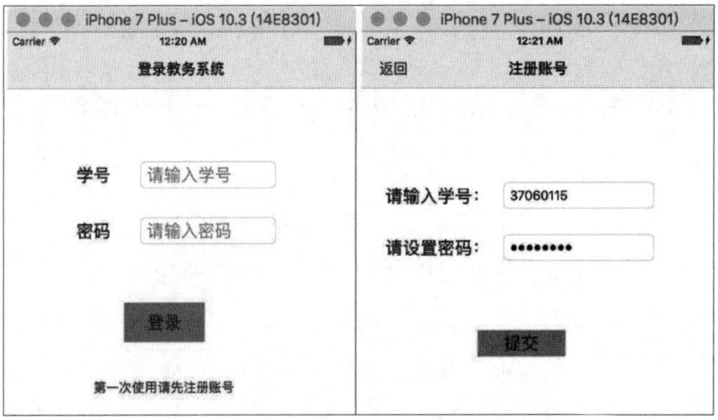

图 6-47　LoginRegister 项目登录及注册页面

　　如图 6-48 所示,登录页面已经自动填写了用户在注册时填写的学号及密码。单击"登录"按钮,进入教务系统业务页面。

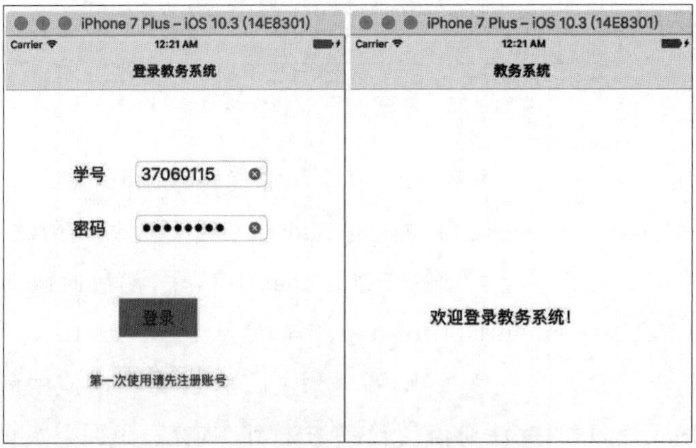

图 6-48　LoginRegister 项目教务系统页面

6.4 树状导航

6.3 节介绍了导航控制器的相关知识,并应用导航控制器实现了一个多页应用,在该应用中每个导航控制器都只管理一个视图控制器。本节将通过实例来介绍如何使用导航控制器和表格视图控制器共同构造相对复杂的树状导航(苹果官方称其为 drill-down(不断深入))导航。在树状导航中,导航控制器将管理多个视图控制器。

实例:学生成绩表 5.0

本例要求在第 5 章的实例"学生成绩表 4.0"的基础上,通过导航控制器来实现树状导航,也就是在原来的学生成绩表的基础上,单击每一行的学生信息时,打开该学生的详情页。在学生的详情页中,可以对信息进行编辑,编辑的结果将反映在学生成绩表中。

首先,打开学生成绩表 4.0 项目,选中 Main.storyboard 中的 Student-PerformanceTableViewController,然后选择菜单栏的 Editor → Embedded In → Navigation Controller。这样,就将学生成绩表视图控制器嵌入导航控制器中了,如图 6-49 所示。同时,故事板的初始视图控制器也变为 Navigation Controller。

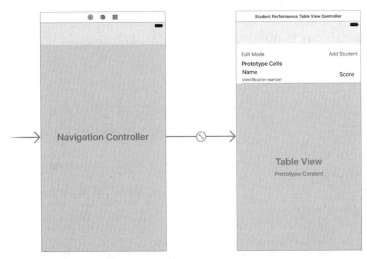

图 6-49 将学生成绩表视图控制器嵌入导航控制器

下一步,创建学生的详情页。

如图 6-50 所示,创建一个视图控制器文件 StudentDetailViewController.swift。

```
import UIKit
class StudentDetailViewController: UIViewController {
}
```

图 6-50　创建视图控制器文件

打开故事板文件,向编辑面板中拖入一个 View Controller 控件,然后在其属性面板中设置 Custom Class 的 Class 属性为 StudentDetailViewController,如图 6-51 所示。

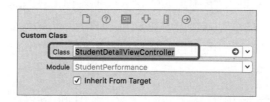

图 6-51　设置 View Controller 控件属性

如图 6-52 所示,向视图控制器 StudentDetailViewController 中添加 3 个 UILabel 以提示用户输入相关信息,再添加 3 个 UITextField 对应学生的 3 个信息字段,即可以用来显示信息,也可以编辑信息。

如图 6-53 所示,连接视图控制器中的 3 个 UITextField 与 StudentDetailView-Controller.swift 文件。

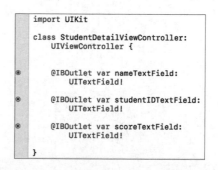

```
import UIKit

class StudentDetailViewController:
    UIViewController {

    @IBOutlet var nameTextField:
        UITextField!

    @IBOutlet var studentIDTextField:
        UITextField!

    @IBOutlet var scoreTextField:
        UITextField!

}
```

图 6-52　学生详情页视图　　　图 6-53　连接详情页的 UITextField 与视图控制器文件

通过 UIStoryboardSegue 来实现从学生成绩表视图控制器到学生详情页视图控制器的树状导航关系，如图 6-54 所示。具体做法是：选中表格视图中的 UITableViewCell，按住 Ctrl 键和鼠标左键，拖一条线到学生详情页视图控制器上。在弹出的窗口中的 Selection Segue 中选中 Show。

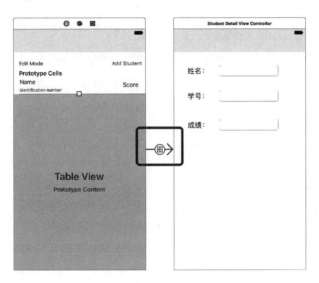

图 6-54　建立页面间导航关系

编译并运行程序，系统报错，根据错误提示定位到 AppDelegate.swift 文件中，如图 6-55 所示。由于将原来的初始视图嵌入到导航控制器中，所以 window 的 rootViewController 已经变为导航控制器。只需要根据这一点，调整图 6-55 中加了方框的两行代码即可。

```
func application(_ application: UIApplication,
    didFinishLaunchingWithOptions launchOptions:
    [UIApplicationLaunchOptionsKey: Any]?) -> Bool {
    // Override point for customization after application launch.

    let studentsInfo = StudentsInfo()

    let navigationController = window!.rootViewController as!
        UINavigationController

    let studentPerformanceTableViewController = navigationController.
        topViewController as! StudentPerformanceTableViewController

    studentPerformanceTableViewController.studentsInfo = studentsInfo

    return true
}
```

图 6-55　修改 AppDelegate 中的相关代码

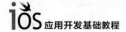

再次编译和运行程序，运行结果如图 6-56 所示。这里发现几点问题，学生成绩表页面的顶部出现了空白的导航栏。在学生详情页的顶部也出现了导航栏，并含有一个按钮 Back，通过这个按钮可以返回上一级页面。另外，学生详情页中应该出现对应的学生的相关信息，而不是空白的。这些问题将在后面逐步解决。

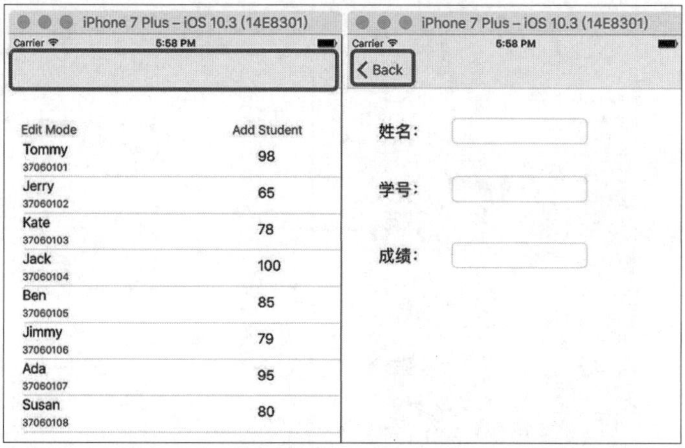

图 6-56　应用运行界面之一

要使学生详情页中能够显示相应的学生信息，就要实现两个视图控制器之间的传值问题。如图 6-57 所示，在学生详情页的视图控制器中添加数据接收和显示部分的代码。首先，在类的声明部分定义一个 Student 类的变量 theStudent，在传值的时候，该变量用来接收传入的值。然后，重载方法 viewWillAppear，在视图即将呈现的时候调用该方法，将变量 theStudent 中的值赋给相应的视图控件。

```
var theStudent: Student!

override func viewWillAppear(_ animated: Bool) {
    super.viewWillAppear(animated)

    nameTextField.text = theStudent.name

    studentIDTextField.text = theStudent.id

    scoreTextField.text = "\(theStudent.score)"

}
```

图 6-57　添加学生详情页的数据接收和显示部分代码

前面讲了学生详情页控制器如何接收和显示传过去的数据。下一步考虑如何获取数据及如何传值。

在此之前,先要完成一个准备工作。选中两个视图控制器之间的 segue,在右侧打开的属性编辑栏中设置该 segue 的 Identifier,如图 6-58 所示。这样就可以通过 Identifier 找到这个 segue 了。

在 StudentPerformanceTableViewController 类中重载 segue 的方法 prepare,该方法在实现 segue 跳转之前被调用。如图 6-59 所示,先判断当前跳转的 segue 的 Identifier 是否为 showStudentDetail。如果是,再判断当前选中的表格视图中的行号是否为空。若不为空,将其作为 studentsCollection 数组的索引以获取相应的学生信息,并将其存入变量

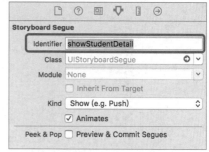

图 6-58 设置 segue 的 Identifier

theStudent。然后,通过 segue 的属性 destination 获取即将要跳转到的视图控制器,并将 theStudent 的值传给该视图控制器中对应的变量。

```
override func prepare(for segue: UIStoryboardSegue, sender: Any?) {

    if segue.identifier == "showStudentDetail" {

        if let row = tableView.indexPathForSelectedRow?.row {

            let theStudent = studentsInfo.studentsCollection[row]

            let theStudentDetailViewController = segue.destination
                as! StudentDetailViewController

            theStudentDetailViewController.theStudent = theStudent

        }
    }
}
```

图 6-59 重载方法 prepare

再次编译并运行程序,运行结果如图 6-60 所示。可以看到学生详情页已经可以显示表格视图中对应行的学生信息了。

下面实现学生详情页的信息修改能够反映到上一级的学生成绩表中的功能。

如图 6-61 所示,在学生详情页视图控制器类中,重载方法 viewWillDisappear。该方法在视图控制器即将消失时被调用,在该方法中将编辑后的结果(UITextField 的 text 属性)赋值给类中的变量 theStudent。注意,此时的 theStudent 变量是一个指向 studentsInfo 数组中某一个元素的引用,因此给 theStudent 赋值,就是给数组中的相应元素赋值。

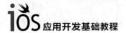

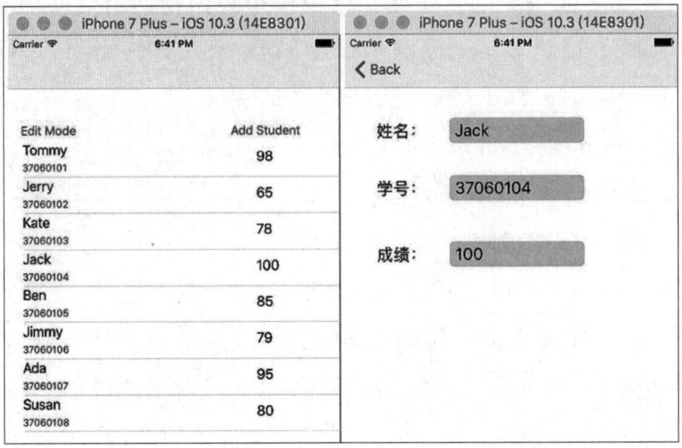

图 6-60　应用运行界面之二

```
override func viewWillDisappear(_ animated: Bool) {
    super.viewWillDisappear(animated)

    theStudent.name = nameTextField.text!

    theStudent.id = studentIDTextField.text!

    theStudent.score = Int(scoreTextField.text!)!

}
```

图 6-61　保存学生信息编辑结果

如图 6-62 所示，在学生成绩表视图控制器类中，重载方法 viewWillAppear。该方法在视图控制器即将显示时被调用，在该方法中通过 tableView 的 reloadData 方法刷新成绩表视图的数据。

```
override func viewWillAppear(_ animated: Bool) {
    super.viewWillAppear(animated)

    tableView.reloadData()

}
```

图 6-62　刷新学生成绩表视图

编译并运行程序，运行结果如图 6-63 所示。可以看到，在学生详情页中对学生信息的 3 个字段都进行了修改，在返回的学生成绩表视图中，相应行的数据已经反映了修改结果。

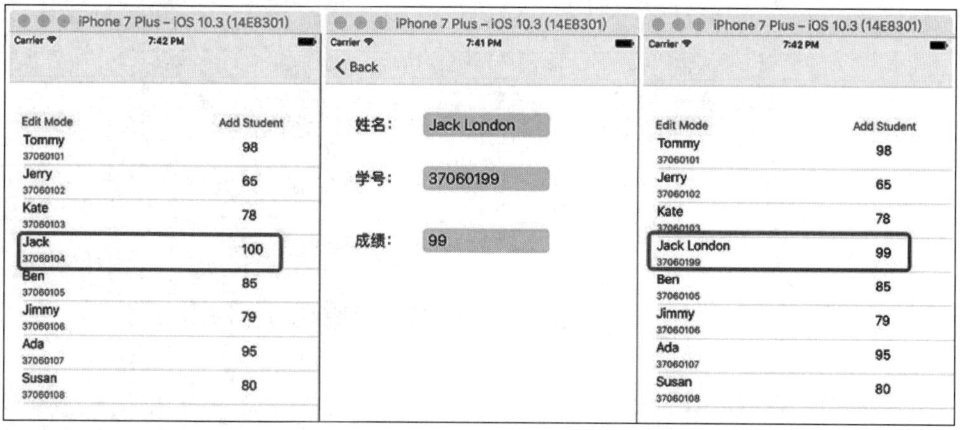

图 6-63　应用运行界面之三

　　下面解决运行界面中顶部导航栏的空白问题。首先,在导航栏中间应该显示当前页的主题信息。本应用中,学生成绩表视图中的导航栏主题可显示"学生成绩表",学生详情页视图中的导航栏主题可显示学生姓名。

　　如图 6-64 所示,在学生详情页视图控制器中为变量 theStudent 添加一个属性观察器,一旦 theStudent 被赋值,就将学生姓名字段赋值给该视图的导航栏的 title。

```
var theStudent: Student! {
    didSet {
        navigationItem.title = theStudent.name
    }
}
```

图 6-64　添加 theStudent 的属性观察器

　　如图 6-65 所示,打开故事板文件,选中学生成绩表视图控制器中的导航栏,在右侧的属性面板中设置 Title 为"学生成绩表"。

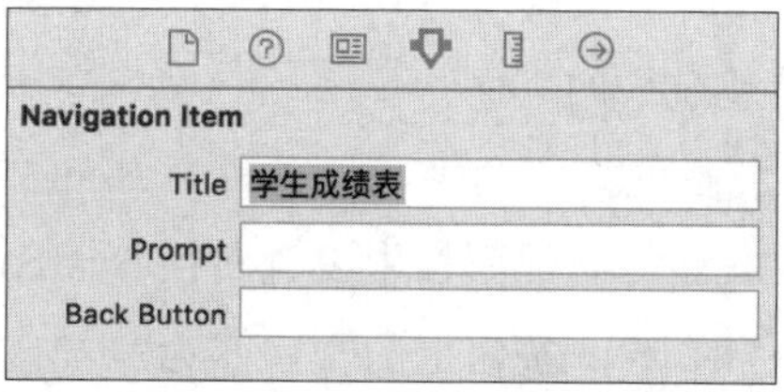

图 6-65　设置导航栏的 Title 属性

编译并运行程序,运行结果如图 6-66 所示。

图 6-66　应用运行界面之四

接着,将学生成绩表视图控制器中的两个按钮 Edit Mode 和 Add Student 去掉, 并在导航栏中实现,这样就没有冗余部分了。

如图 6-67 所示,将学生成绩表视图控制器中的函数 addStudent 的参数 sender 的 类型由 UIButton 改为 UIBarButtonItem。在去掉 UIButton 类型的 Add Student 按 钮前,要将该函数针对 UIButton 的动作处理函数改为针对 UIBarButtonItem 的动作 处理函数。

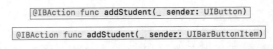

```
@IBAction func addStudent(_ sender: UIButton)
```

```
@IBAction func addStudent(_ sender: UIBarButtonItem)
```

图 6-67　修改动作处理函数

如图 6-68 所示,在控件库中找到 Bar Button Item 控件,并将其拖曳到故事板中 学生成绩表视图控制器的导航栏的右侧。

如图 6-69 所示,在导航栏的右侧会生成一个名为 Item 的按钮。

选中该 Item 按钮,在右侧的属性面板中设置属性 System Item 为 Add,如图 6-70 所示。此时,会发现导航栏的 Item 按钮上的文字变为"＋"。

以上设置完成后,就可以删除原来的按钮 Add Student 了。然后连接 Add 和函 数 addStudent。

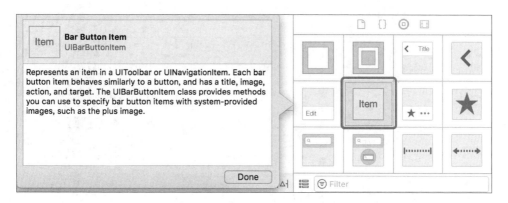

图 6-68　创建一个 Bar Button Item

图 6-69　在导航栏右侧生成
一个 Item 按钮

图 6-70　设置导航栏 Item 按钮的
System Item 属性

　　继续删除按钮 Edit Mode 和它的容器视图 view，删除后界面就变得紧凑了。继续删除用来切换编辑模式的函数 shiftEditMode。可以使用视图控制器中默认的 editButtonItem 来切换编辑模式，而不需要编写代码。

　　如图 6-71 所示，添加视图控制器初始化函数，在其中将 editButtonItem 赋值给导航栏的 leftBarButtonItem 即可。

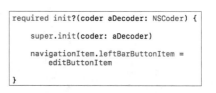

```
required init?(coder aDecoder: NSCoder) {

    super.init(coder: aDecoder)

    navigationItem.leftBarButtonItem =
        editButtonItem
}
```

图 6-71　设置导航栏的 leftBarButtonItem

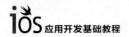

最后,再次编译和运行程序,运行结果如图 6-72 所示。

图 6-72　应用最终运行界面

第 7 章
数据持久化

苹果应用采用 MVC 架构,因此应用中有 3 类对象:模型对象、视图对象以及控制器对象。其中,模型对象是用来保存应用相关数据的,也可以称为数据模型对象。数据持久化就是将内存中的数据模型对象转换为存储模型,然后再将其保存到内存中的过程。在前面的实例中,数据都保存在内存中。一旦退出应用,应用相关数据占用的内存就会被释放出来。应用重新启动后,无法读取上次使用时产生的数据,而数据持久化就可以解决这个问题。本章将介绍多种数据持久化方法,包括归档(archive)、序列化(serialization)、SQLite 以及 Core Data。其中,Core Data 是苹果官方推荐使用的数据持久化方法,在本章中将做重点介绍。另外,本章讨论的数据持久化是指本地的数据持久化,不包括远程的数据持久化。

7.1 对象归档

1. 沙箱机制

在介绍数据持久化方法——对象归档前,先介绍苹果的沙箱(sandbox)机制。

沙箱机制是 macOS 提供的一种内核级的强制使用的访问控制技术,用来保护系统关键数据和用户数据不被盗用和破坏。

复杂的应用系统总是存在缺陷的,而且软件的复杂度会随着时间不断增加。无论采用什么安全编码措施,黑客总能找到突破软件防御的漏洞。而应用的沙箱机制并不能阻止黑客的攻击,但它能将可能造成的破坏最小化到一定的限度内,从而提供一个安全保障的基础。

不采用沙箱机制的应用拥有用户的全部权限,可以向用户一样访问所有的资源。如果这个应用本身存在安全漏洞,那么黑客就可以通过该应用的安全漏洞来接管应用,从而获得用户同等的资源访问权限。

为了应对类似安全问题,苹果系统设计了沙箱机制。应用的沙箱描述了应用与系统交互的场景。系统授权应用可以访问与其相关的系统资源,从而使应用的任务得以完成。

每个应用的沙箱都包含一些固定的目录:Documents、Library 以及 tmp 等。其中,Documents 目录用来保存应用运行过程中产生的数据。当设备与 iTunes 或者 iCloud 同步时,该目录下的数据会进行备份。Library 目录下有 Caches 和 Preferences 子目录,Caches 子目录用来存放应用运行过程中的缓存文件,而 Preferences 子目录则用于存放与应用的设置相关的数据。tmp 目录存放应用运行时的临时文件。

2. 对象归档

通过归档,可以将复杂的对象及其关系存储下来。归档保留了每一个对象的唯一标识及其与其他对象间的关系。归档的逆过程为解档(unarchive),已归档的对象通过解压可以提取对象本身及其与其他对象间的关系。

归档非常适合用来保存应用的数据模型。Cocoa 提供了归档的基础框架,开发者可直接使用,从而大大简化了归档的流程。

一个对象要能进行归档,就必须遵守 NSCoding 协议。该协议含有两个重要的方法:一个方法负责将对象中的信息编码为比特流数据;另一个方法负责从比特流中解码出对象的相关信息。

编码器对象负责对象与归档文件之间的读写工作。编码器对象是继承抽象类 NSCoder 的子类的实例。NSCoder 声明了一个可扩展的接口,既实现了从对象中获取信息并将其写入到文件中的过程(编码),又实现了从比特流中获取对象信息并将其恢复成一个对象的相反过程(解码)。编码器为了按照特定的格式进行归档,需要实现 NSCoder 中相应的方法。

编码器对象通过向对象发送编码或解码的消息来实现读或写对象的操作。例如,创建归档时,编码器会发送消息 encodeWithCoder 给对象;读取归档时,编码器会发送消息 initWithCoder。在 NSCoding 协议中定义了这些消息。要归档一个对象,对象所属的类必须遵守 NSCoding 协议。

键值归档器对象 NSKeyedArchiver 负责根据对象来创建归档文件,而键值解档器对象 NSKeyedUnarchiver 负责将归档文件解码为原来的对象。键值归档文件为每一个变量的值都分配一个唯一的键值。当解码键值归档文件时,可以根据键值来获取相应变量的值。

创建归档文件最简单的方式是在归档类中调用类方法 archiveRootObject：toFile：或者 archivedDataWithRootObject：。

提取归档文件最简单的方式是在归档类中调用方法 unarchiveObjectWithFile：或者 unarchiveObjectWithData：。

实现以上操作的便利方法是创建一个临时的归档器对象来进行编码和解码。

下面,通过实例来讲解如何进行对象归档。

实例：学生成绩表 6.0

本例要求在第 5 章的实例"学生成绩表 5.0"的基础上,通过对象归档的方式将用户编辑后的学生成绩表保存下来,并在应用重新启动后将归档文件加载到学生成绩表中。

打开学生成绩表 5.0 项目,在此项目基础上增加对象归档的功能。

如图 7-1 所示,本例中的学生实例数据需要保存下来,首先,学生类必须遵守 NSCoding 协议。然后,要实现 NSCoding 协议中的两个方法 encode(with：)和 init(coder：)。

如图 7-2 所示,实现 NSCoding 协议中的方法 encode(with：)。当 student 类收到消息 encode(with：)后,它负责将其所有的属性编码为 NSCoder 对象。在保存对象的时候,就可以使用这个 NSCoder 对象写入到比特流数据中。而这个比特流数据将会按照"键值对"的方式组织,并保存到文件系统中。

如图 7-3 所示,实现 NSCoding 协议中的方法 init(coder：)。当 student 类收到消息 init(coder：)后,它负责从归档文件中载入所有对象,并根据键值来给每个属性赋值。

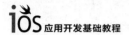

```
import UIKit

class Student: NSObject, NSCoding {

    var name: String
    var score: Int
    var id: String

    init(name: String, score: Int, id: String) {

        self.name = name
        self.score = score
        self.id = id
        super.init()

    }

    func encode(with aCoder: NSCoder) {

    }

    required init?(coder aDecoder: NSCoder) {

    }

}
```

图 7-1　声明 Student 类遵守 NSCoding 协议

```
func encode(with aCoder: NSCoder) {

    aCoder.encode(name, forKey: "name")
    aCoder.encode(score, forKey: "score")
    aCoder.encode(id, forKey: "id")

}
```

图 7-2　实现 Student 类中的 encode(with：)方法

```
required init?(coder aDecoder: NSCoder) {

    name = aDecoder.decodeObject(forKey: "name") as! String

    score = aDecoder.decodeInteger(forKey: "score")

    id = aDecoder.decodeObject(forKey: "id") as! String

    super.init()

}
```

图 7-3　实现 Student 类中的 init(coder：)方法

　　完成以上工作后,Student 类的实例就可以通过归档的方式被保存或载入到文件系统中了,或者说 Student 类实例支持被归档了。

　　要实现 Student 实例的归档,还需要做两件事：一是提供归档文件的保存路径；二是要在 StudentsInfo 类的初始化方法中载入归档文件并解码到对象实例中,在保存方法中将对象实例编码并写入归档文件。

由沙箱可知,Student 类实例的归档文件将会被保存在 Documents 目录下。因此,要提供一个该目录下的保存路径,即 URL。如图 7-4 所示,在 StudentsInfo 类中构建保存路径。这里使用了闭包来构建 URL,也可以通过直接赋值来实现。采用闭包的好处在于将复杂的赋值语句分为多行来实现,从而为后期的维护提供了便利。方法 urls(for:in:)用来搜索文件系统中的路径". documentDirectory",搜索的结果为一个 URL 的数组。取该数组的第一个元素作为归档文件目录,然后在该目录的基础上构建归档文件的 URL。

```
let archiveURL: URL = {

    let documentsDirectories =
        FileManager.default.urls(for: .documentDirectory,
                                 in: .userDomainMask)

    let documentDirectory = documentsDirectories.first!

    return
        documentDirectory.appendingPathComponent("students.archive")
}()
```

图 7-4　在 StudentsInfo 类中构建归档保存路径

构建了保存路径后,就可以保存和载入对象实例了。由前面的介绍可知,保存对象实例是通过 NSKeyedArchiver 来实现的,而载入对象实例是通过 NSKeyedUnarchiver 来实现的。

在 StudentsInfo 类中增加一个方法 saveStudents,用来将所有的 students 实例对象保存到归档文件中,如图 7-5 所示。NSKeyedArchiver 的方法 archiveRootObject 负责将 studentsCollection 中的每一个 students 对象进行编码并保存到 archiveURL 路径下。该方法的具体执行过程如下:先创建一个键值归档器对象 NSKeyedArchiver,它是抽象类 NSCoder 的子类;然后 studentsCollection 中的每一个 student 实例调用类中的 encode(with:)方法将自己编码,将结果传递给键值归档器对象;最后键值归档器对象将接收的数据写入指定的路径中。

```
func saveStudents() -> Bool {

    return NSKeyedArchiver.archiveRootObject
        (studentsCollection, toFile: archiveURL.path)

}
```

图 7-5　方法 saveStudents

那么什么时候触发该方法呢？在应用运行的过程中是不应该保存对象实例的，因为在运行过程中随时可能修改对象实例的数据，这将导致频繁地触发归档动作，而归档是需要占用系统资源的。触发归档动作的时机应该是用户按 HOME 键的时候，此时该应用将进入后台运行状态。在后台运行状态下，应用的数据随时可能因为内存空间紧张而被释放。

应用在进入后台运行状态时，应用会收到消息 applicationDidEnterBackground(_:)，因此在此处调用归档方法 saveStudents。

打开文件 AppDelegate.swift，如图 7-6 所示，先将 studentsInfo 的实例创建从方法中移出，修改为全局常量，这样 studentsInfo 就可以在其他方法中使用了。

```swift
class AppDelegate: UIResponder, UIApplicationDelegate {

    var window: UIWindow?

    let studentsInfo = StudentsInfo()

    func application( application: UIApplication,
    didFinishLaunchingWithOptions launchOptions:
    [UIApplicationLaunchOptionsKey: Any]?) -> Bool {
    // Override point for customization after application launch.

        //let studentsInfo = StudentsInfo()

        let navigationController = window!.rootViewController as!
            UINavigationController

        let studentPerformanceTableViewController = navigationController.
            topViewController as! StudentPerformanceTableViewController

        studentPerformanceTableViewController.studentsInfo = studentsInfo

        return true
    }
```

图 7-6 将 studentsInfo 修改为全局常量

接着，在方法 applicationDidEnterBackground(_:)中调用保存归档文件的方法 saveStudents。如图 7-7 所示，保存归档文件并将结果打印到控制台窗口上。编译并运行应用，应用启动后按 HOME 键，此时观察控制台的输出，以判断归档是否成功。

```swift
func applicationDidEnterBackground(_ application: UIApplication) {

    if (studentsInfo.saveStudents()) {
        print("students are saved.")
    } else {
        print("Fail to save students!")
    }

}
```

图 7-7 实现方法 applicationDidEnterBackground(_:)

　　下一步,实现载入归档文件的功能。如图 7-8 所示,修改类 StudentsInfo 中的初始化方法。首先,将原来的初始化代码删除。然后通过键值解档器对象 NSKeyedUnarchiver 的方法.unarchiveObject 从指定的路径中取得归档文件,并将其解码为 Student 类型的数组。这样,每次应用启动的时候都会从系统目录中载入归档的文件,并将其解码后赋值给相应的对象,从而完成对象的初始化工作。

```
init() {

    if let theStudents = NSKeyedUnarchiver.unarchiveObject
        (withFile: archiveURL.path) as? [Student] {

        studentsCollection = theStudents

    }

}
```

图 7-8　解档文件

　　再次编译并运行程序。如图 7-9 所示,程序启动后界面如左图所示,学生成绩表中一共有 8 条记录。对其进行编辑,删除后 6 条记录,并加入一条新的记录。编辑后的界面如右图所示。此时,退出应用,并重启系统。再次进入应用后,界面和右图一样,说明编辑后的学生成绩表信息得到了正确的归档和解档。

图 7-9　学生成绩表 6.0 的运行结果

7.2 属性列表序列化

序列化是存储分层数值对象（例如字典类型、数组类型、字符串型以及二进制数据）的方法。序列化方法保存对象的值以及它们在层次结构中的位置。

属性列表就是序列化的实例。应用的设置以及用户偏好都采用属性列表来保存。

序列化方法将对象转化成比特流，而反序列化则将比特流转化为对象。序列化与归档的不同之处在于：序列化不保存数值的类型以及它们之间关系，它只存储数值本身。因此，在进行反序列化的时候，开发者需要正确地选择数值的类型以及它们的关系。

属性列表在序列化时，不保留对象的类标识，只将对象归入字典类型或者数组类型等支持的类型。因此，一个属性列表在进行序列化或反序列化时，目标属性列表中的对象类型可能会发生变化。属性列表的序列化也不会保存原来对象中的引用关系。因此，归档方式更适用于对象的持久化，而属性列表更适合保存结构化的数据。

下面通过实例来讲解如何利用属性列表序列化来保存数据。

实例：学生成绩表 6.1

本例要求在第 6 章的实例"学生成绩表 5.0"的基础上，通过属性列表的方式将用户编辑后的学生成绩表保存下来，并在应用重新启动后将属性列表加载到学生成绩表中。

打开学生成绩表 5.0 项目，在此项目基础上增加属性列表保存数据的功能。

首先，需要创建一个默认的属性列表文件 studentsCollection.plist，用来保存学生成绩表的初始化数据。如图 7-10 所示，创建一个新的文件，在文件模板选择窗口中找到 Resource 标签，选择其中的 Property List，创建一个新的属性列表文件 studentsCollection.plist。

创建完属性列表文件后，将默认的学生成绩数据信息加入到其中，如图 7-11 所示。新创建的属性列表文件是一个空的 plist 文件，先选择 Root 的 Type 为 Array，即由学生组成的数组。然后，向 Root 中添加 5 个子元素，即 Item，每一个 Item 代表一个学生。设置这 5 个 Item 的 Type 为 Dictionary，即每个学生的信息由 3 个键值对构成的字典类型。再向每一个 Item 中添加子元素 name、score、id，分别与对象 Student

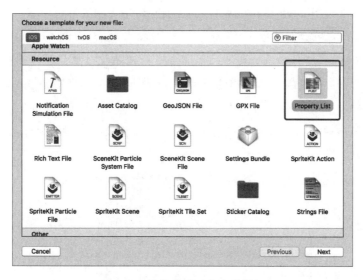

图 7-10　选择属性列表文件模板

中的属性相对应。最后，在 Value 列中为每一个 Item 中的字段赋初始值。这样，就完成了 studentsCollection.plist 的初始化。应用在首次运行的时候，将从该属性列表文件中读取学生成绩信息，并显示到界面的列表中。

Key	Type	Value
▼ Root	Array	(5 items)
▼ Item 0	Dictionary	(3 items)
name	String	Tommy
score	String	98
id	String	37060101
▼ Item 1	Dictionary	(3 items)
name	String	Jerry
score	String	65
id	String	37060102
▼ Item 2	Dictionary	(3 items)
name	String	Kate
score	String	78
id	String	37060103
▼ Item 3	Dictionary	(3 items)
name	String	Jack
score	String	85
id	String	37060104
▼ Item 4	Dictionary	(3 items)
name	String	Ben
score	String	100
id	String	37060105

文件结构：StudentPerformance / StudentPerformance / AppDelegate.swift / StudentsInfo.swift / Student.swift / studentsCollection.plist / Main.storyboard / StudentDetailViewController.swift / StudentPerform...Controller.swift / Assets.xcassets / LaunchScreen.storyboard / Info.plist / StudentCell.swift / Products

图 7-11　添加学生成绩记录到 studentCollection.plist 中

　　打开项目文件 StudentsInfo. swift,重新编写初始化函数 init,如图 7-12 所示。在 StudentsInfo 类的初始化函数中,要通过属性列表来对 studentsCollection 进行初始化。在每次程序启动时,StudentsInfo 类都会进行初始化。如果程序是第一次启动,则需要将项目资源中的 plist 文件复制到沙箱目录下;如果程序不是第一次启动,那么直接将沙箱目录中的 plist 文件取出即可。因此,init 中的第一条语句就是判断沙箱目录中是否已经存在 plist 文件。下一步就是读取沙箱目录中的 plist 文件,并将其赋值给一个数组 theCollection。接着,将数组中的每一个元素转化为字典类型,然后再根据键值对取出 theStudent 对象的属性值,最后将其作为元素添加到 studentsCollection 数组中。

```swift
init() {
    let fileExist = FileManager.default.fileExists(atPath: plistURL.path)
    if (!fileExist) {
        let bundlePath = Bundle(for: StudentsInfo.self).resourcePath as
            NSString?
        let thePath =
            bundlePath!.appendingPathComponent("studentsCollection.plist")
        do {
            try  FileManager.default.copyItem(atPath: thePath, toPath:
                plistURL.path)
        } catch {
            print("fail to copy plist file!")
        }
    }
    let theCollection = NSMutableArray(contentsOfFile: plistURL.path)!
    for theElement in theCollection {
        let dict = theElement as! NSDictionary
        let name = dict["name"] as! String
        let score = dict["score"] as! String
        let id = dict["id"] as! String
        let  theStudent = Student(name: name, score: Int(score)!, id: id)
        studentsCollection.append(theStudent)
    }
}
```

图 7-12　StudentsInfo 类的初始化

　　如图 7-13 所示,构建属性列表文件的存储路径。与 7.1 节的对象归档路径构造方法类似,只需要修改一下文件名即可。

```
let plistURL: URL = {

    let documentsDirectories =
        FileManager.default.urls(for: .documentDirectory,
                                 in: .userDomainMask)

    let documentDirectory = documentsDirectories.first!

    return
        documentDirectory.appendingPathComponent("studentsCollection.plist")
}()
```

图 7-13　构造属性列表的 URL

打开文件 AppDelegate.swift，并声明 StudentsInfo 的实例为全局常量，如图 7-14 所示。

```
@UIApplicationMain
class AppDelegate: UIResponder, UIApplicationDelegate {

    var window: UIWindow?

    let studentsInfo = StudentsInfo()
```

图 7-14　声明 studentsInfo 为全局常量

上面已经将 StudentsInfo 声明为全局常量了，因此将代码中原来在方法 application(_, didFinishLaunchingWithOptions)中定义的内部常量注释掉，如图 7-15 所示。

```
func application(_ application: UIApplication, didFinishLaunchingWithOptions
    launchOptions: [UIApplicationLaunchOptionsKey: Any]?) -> Bool {
    // Override point for customization after application launch.

    //let studentsInfo = StudentsInfo()

    let navigationController = window!.rootViewController as!
        UINavigationController

    let studentPerformanceTableViewController = navigationController.
        topViewController as! StudentPerformanceTableViewController

    studentPerformanceTableViewController.studentsInfo = studentsInfo

    return true
}
```

图 7-15　注释掉代码中 studentsInfo 声明的语句

同 7.1 节一样，在应用进入后台时保存应用中的相关数据。如图 7-16 所示，在方法 applicationDidEnterBackground(_:)中的调用对象 studentsInfo 中的 saveStudents 方法来保存应用的数据。

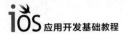

```
func applicationDidEnterBackground(_ application: UIApplication) {

    if (studentsInfo.saveStudents()) {
        print("students are saved.")
    } else {
        print("Fail to save students!")
    }
}
```

图 7-16   应用进入后台时保存数据

打开文件 StudentsInfo. swift,重新编写方法 saveStudents。如图 7-17 所示,遍历 studentsCollection 中的每一个元素(即 Student 对象),根据其属性来构造字典类型常量 studentDictionary。然后,将每一个 studentDictionary 加入数组 studentsArray 中。最后,将数组写入沙箱目录中的指定属性文件中。

```
func saveStudents() -> Bool {

    let studentsArray = NSMutableArray()

    for theStudent in studentsCollection {

        let studentDictionary : NSDictionary

        studentDictionary = ["name":theStudent.name, "id":theStudent.id,
            "score": "\(theStudent.score)"]

        studentsArray.add(studentDictionary)

    }

    studentsArray.write(toFile: plistURL.path, atomically: true)

    return true
}
```

图 7-17   将数据保存到属性列表文件中

编译并运行程序,学生成绩表 6.1 应用的运行结果如图 7-18 所示。左图显示了应用启动时从 studentsCollection. plist 文件中读取的默认数据。对学生成绩表的最

● ● ● iPhone 7 Plus – iOS 10.3 (14E8301)			● ● ● iPhone 7 Plus – iOS 10.3 (14E8301)		
Carrier 🛜	5:33 PM	🔋	Carrier 🛜	5:32 PM	🔋
Edit	学生成绩表	＋	Edit	学生成绩表	＋
Tommy 37060101		98	**Tommy** 37060101		98
Jerry 37060102		65	**Jerry** 37060102		65
Kate 37060103		78	**Kate** 37060103		78
Jack 37060104		85	**Jack** 37060104		85
Ben 37060105		100	**Benny** 370601055		1008

图 7-18   学生成绩表 6.1 的运行结果

后一个学生信息进行编辑,将学生名字改为 Benny,学号改为 370601055,成绩改为 1008。修改后的学生成绩表如右图所示。此时,按 HOME 键,并重新启动设备。重启后再次进入应用,发现学生成绩表显示的为修改后的结果,符合预期。

7.3　Core Data

前面两节介绍了两种数据持久化方法:对象归档和属性列表序列化,它们存在一个共同的缺陷,就是在保存数据时都是对整个文件进行读写。对于频繁更新的数据来说,这两种方法会占用大量的系统资源,并且效率低下。在这种情况下,就需要用 Core Data 来解决问题了。Core Data 可以每次读取对象的一个子集。当对象的某些属性值发生了变化后,可以通过 Core Data 进行增量更新,这种方式将极大地提高应用的性能,并占用极少的系统资源。

Core Data 是一个用来管理应用的模型层中对象的框架。它提供了一套能够满足大部分需求的对象全生命周期管理解决方案。它不仅保存了数据模型对象,而且还保存了对象间的关系。Core Data 通过对象图(object graph)来实现对象数据和关系的存储。Core Data 的底层数据存储技术是 SQLite 数据库。对于开发者来说,只需要直接操作 Core Data 即可,不需要关心底层数据库的细节。使用 Core Data 开发模型层可以节省 50%～70% 的代码量。

1. NSManagedObject

Core Data 框架主要通过托管对象实例 NSManagedObject 来管理应用中的实体、实体的属性以及实体间的关系。NSManagedObject 实例与数据模型中的实体之间存在映射关系。实体由实体名、实体的属性以及对应的 NSManagedObject 类型的类名组成。Xcode 提供了图形化的实体编辑器,并可以自动创建实体对应的托管对象 NSManagedObject,在后面的实例中将演示如何使用实体编辑器。

2. Core Data 栈

Core Data 栈是在初始化时创建的一个数据模型层的 NSManagedObject 对象集。它负责协调应用中托管对象和外部存储数据的一致性,并处理所有与外部存储数据的交互。因此，使用 Core Data 作为数据持久化方案，能够使开发者专注于业务逻辑，而不用关心底层数据存储的实现细节。

　　Core Data 栈由 4 个主要的对象组成，分别为托管对象上下文 NSManagedObjectContext、持久存储协调器 NSPersistentStoreCoordinator、托管对象模型 NSManagedModel、持久化容器 NSPersistentContainer。Core Data 栈处于应用程序对象和外部存储数据之间，由持久化存储和持久化存储协调器对象组成。持久化对象存储位于栈的底部，负责外部存储（比如 SQLite 数据库）数据和托管对象上下文之间的映射关系，但不直接和托管对象上下文交互。在栈的持久化对象存储上面是持久化存储协调器，它为一个或多个托管对象上下文提供访问接口，使其下层的多个持久化存储可以表现为单一存储。图 7-19 给出了 Core Data 架构中各种对象之间的关系。

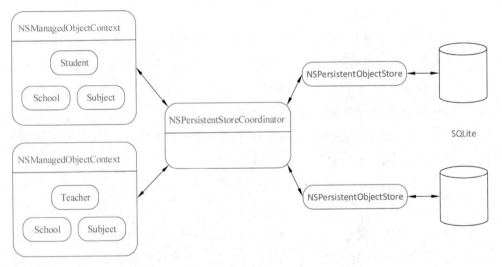

图 7-19　Core Data 中各种对象之间的关系

　　下面通过实例来讲解如何通过 Core Data 保存数据。

实例：学生成绩表 6.2

　　本例要求在 7.2 节的实例"学生成绩表 6.1"的基础上，通过 Core Data 将用户编辑后的学生成绩表保存下来，并在应用重新启动后将 Core Data 中的数据加载到学生成绩表中。

在创建一个新项目的时候，如图 7-20 所示，可以直接选择 Use Core Data，这样模板会自动生成 Core Data 相关的部分代码。

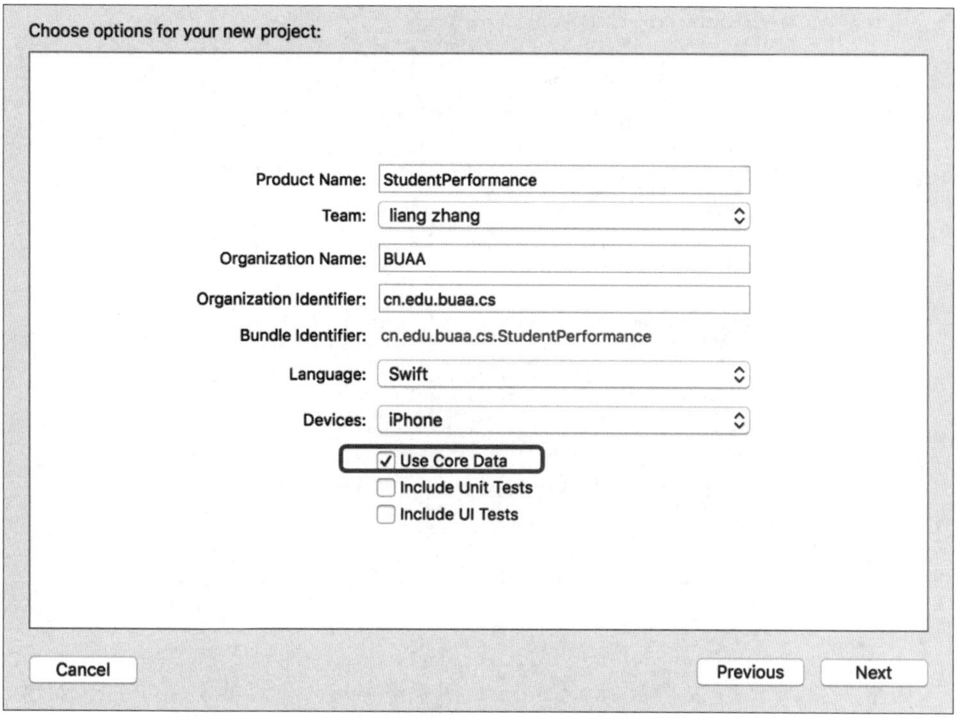

图 7-20　创建项目时选择 Use Core Data

创建完项目后，在项目文件导航窗口中，可以看到已经自动生成了一个 Core Data 数据模型文件 StudentPerformance. xcdatamodeld，该文件按照项目名来命名，如图 7-21 所示。

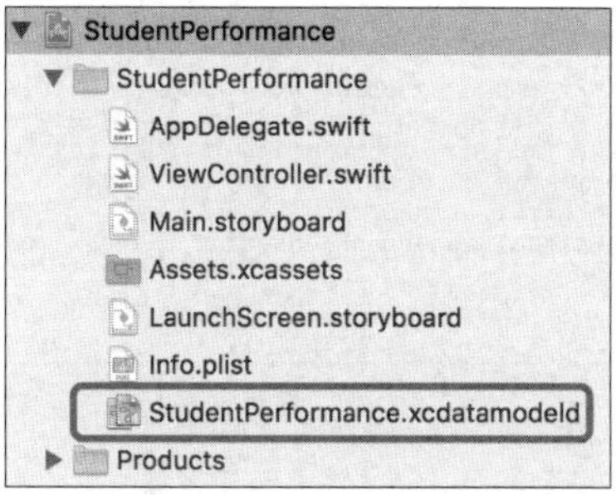

图 7-21　Core Data 数据模型文件

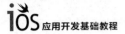

打开项目的文件 AppDelegate. swift,可以发现其中自动生成了两段代码。如图 7-22 所示,声明本项目的 Core Data 持久化容器,并创建实例。

```
lazy var persistentContainer: NSPersistentContainer = {
    /*
     The persistent container for the application. This implementation
     creates and returns a container, having loaded the store for the
     application to it. This property is optional since there are legitimate
     error conditions that could cause the creation of the store to fail.
    */
    let container = NSPersistentContainer(name: "StudentPerformance")
    container.loadPersistentStores(completionHandler: { (storeDescription, error) in
        if let error = error as NSError? {
            // Replace this implementation with code to handle the error appropriately.
            // fatalError() causes the application to generate a crash log and
                terminate. You should not use this function in a shipping application,
                although it may be useful during development.

            /*
             Typical reasons for an error here include:
             * The parent directory does not exist, cannot be created, or disallows
                writing.
             * The persistent store is not accessible, due to permissions or data
                protection when the device is locked.
             * The device is out of space.
             * The store could not be migrated to the current model version.
             Check the error message to determine what the actual problem was.
            */
            fatalError("Unresolved error \(error), \(error.userInfo)")
        }
    })
    return container
}()
```

图 7-22　创建持久化容器实例

如图 7-23 所示,定义函数 saveContext,用来保存持久化容器实例的上下文,换句话说,就是将 Core Data 数据模型的相关操作结果保存到硬盘中。具体来讲,首先取得持久化容器实例的上下文,然后判断是否有改动,如果有改动,再调用上下文的方法. save 来保存结果,该方法有可能会抛出异常,因此需要对异常进行捕获和处理。

```
func saveContext () {
    let context = persistentContainer.viewContext
    if context.hasChanges {
        do {
            try context.save()
        } catch {
            // Replace this implementation with code to handle the error appropriately.
            // fatalError() causes the application to generate a crash log and
                terminate. You should not use this function in a shipping application,
                although it may be useful during development.
            let nserror = error as NSError
            fatalError("Unresolved error \(nserror), \(nserror.userInfo)")
        }
    }
}
```

图 7-23　保存持久化容器的上下文

上面介绍了创建新项目时可以直接选择 Use Core Data 的情况,而本项目将在已有项目学生成绩表 6.1 的基础上增加 Core Data 数据持久化能力,因此,要多做一些工作。

首先,打开学生成绩表 6.1 项目,删除文件 Student. swift 和 studentsCollection. plist,如图 7-24 所示。在创建 Core Data 数据模型时,Xcode 将根据模型中的实体(entity)Student 自动创建 NSManagedObject 类型的 Student,因此原来的 Student. swift 必须删除,否则会引起命名冲突。另外,7.2 节例子中用来初始化属性列表文件的 studentsCollection. plist 在本例中被数据模型 StudentPerformance. xcdatamodeld 替代。

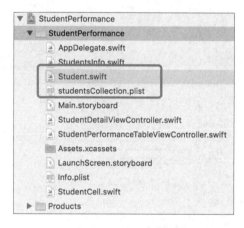

图 7-24　删除学生成绩表 6.1 项目中的部分文件

下一步,手动在已有项目的基础上增加 Core Data 保存数据的功能。在菜单栏选择 File→New→File,然后在文件模板中选择 iOS 分类,再在 Core Data 分节中选择 Data Model,如图 7-25 所示。

如图 7-26 所示,单击下一步后,进入数据模型文件的创建页面,建议将数据模型文件的名字命名为项目名。一方面,这与自动创建的数据模型文件的命名规则一致;另一方面,数据模型文件是面向整个项目的,项目相关的数据都可以按照实体方式在该文件中存取,以项目名来命名也较为合理。

数据模型文件创建完成后,在项目文件列表的窗口中选择文件 StudentPerformance. xcdatamodeld,右侧打开该文件的编辑界面,如图 7-27 所示。

在该编辑界面中添加本例中用到的实体 Student,如图 7-28 所示。

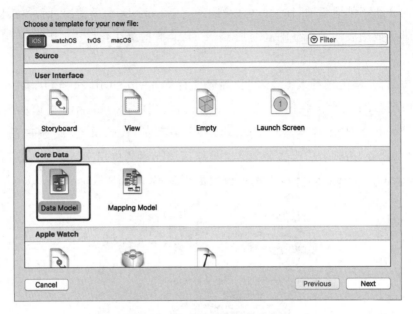

图 7-25　手动创建数据模型文件

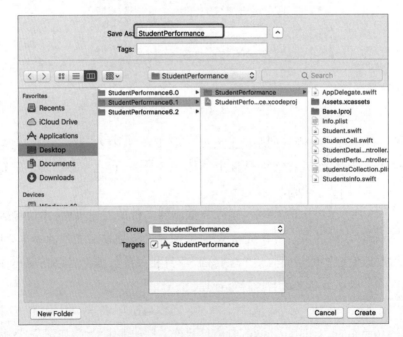

图 7-26　数据模型文件的命名

图 7-27　数据模型文件的编辑界面

图 7-28　添加实体 Student

接着,选中实体 Student,添加相关的属性,这里有学生的姓名(name)、学号(id)以及成绩(score),并为其设置相应的类型,如图 7-29 所示。

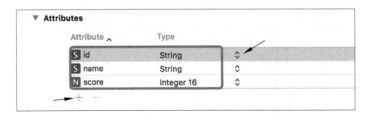

图 7-29　为实体 Student 添加属性

在本例中,与数据模型相关的操作都被封装在文件 StudentsInfo. swift 中了,因此,需要选中该文件,并为其添加加载 Core Data 包的代码,如图 7-30 所示。

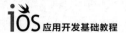

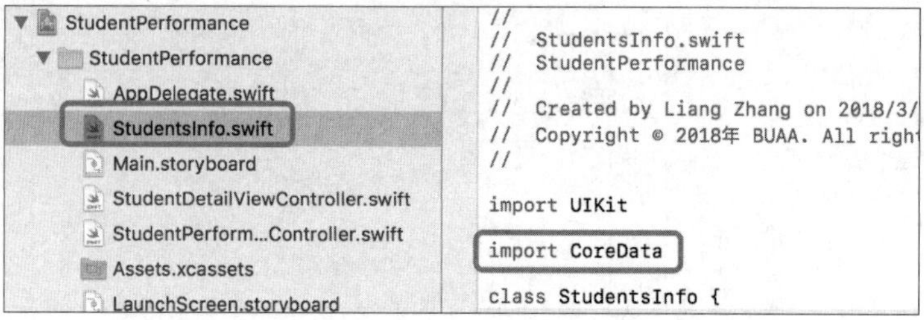

图 7-30　加载 Core Data 包

在类 StudentsInfo 中,将变量 studentsCollection 的类型修改为 NSManagedObject 数组类型,用来接收从 CoreData 中读取的数据,如图 7-31 所示。

```
import UIKit
import CoreData
class StudentsInfo {
    var studentsCollection: [NSManagedObject] = []
```

图 7-31　修改变量 studentsCollection 的类型

打开文件 StudentPerformanceTableViewController.swift,修改其中的 tableView(:, cellForRowAt)方法。如图 7-32 所示,对于列表视图单元格中的 3 个标签赋值需要进行修改,这里的 student 为 NSManagedObject 类型,需要根据键来取值,并且要指定类型。

```
override func tableView(_ tableView: UITableView, cellForRowAt indexPath:
    IndexPath) -> UITableViewCell {

    let cell = tableView.dequeueReusableCell(withIdentifier:
        "UITableViewCell", for: indexPath) as! StudentCell

    let student = studentsInfo.studentsCollection[indexPath.row]

    cell.nameLabel.text = student.value(forKey: "name") as? String
    cell.idLabel.text = student.value(forKey: "id") as? String
    cell.scoreLabel.text = "\(student.value(forKey: "score") as! Int16)"

    print(student.value(forKey: "score") as! Int16)

    return cell
}
```

图 7-32　修改方法 tableView(:, cellForRowAt)中的代码

如图 7-33 所示,修改原来的 addStudent(_ sender:UIBarButtonItem)方法。原来是通过写入默认的学生信息来添加学生记录,这里修改为通过弹出警告框来要求用

户输入学生的相关信息。其中,生成一个警告框控制器实例 alert,并向其中添加 3 个
文本编辑框控件,用来接收用户输入的姓名、学号及成绩信息。另外,还要定制
UIAlertAction 实例 saveAction,实现将新增学生信息保存到 Core Data 中的功能,这
是通过调用 studentsInfo 中的 addStudent 方法来实现的。

```swift
@IBAction func addStudent(_ sender: UIBarButtonItem) {

    let alert = UIAlertController(title: "添加一条学生记录",
                                 message: "请依次输入学生的姓名, 学号, 成绩",
                                 preferredStyle: .alert)

    alert.addTextField{(textField: UITextField) -> Void in textField.
        placeholder = "姓名"}
    alert.addTextField{(textField: UITextField) -> Void in textField.
        placeholder = "学号"}
    alert.addTextField{(textField: UITextField) -> Void in textField.
        placeholder = "成绩"}

    let saveAction = UIAlertAction(title: "Save", style: .default) { [unowned
        self] action in

        let theName = alert.textFields?[0].text
        let theId = alert.textFields?[1].text
        let theScore = alert.textFields?[2].text

        let theStudent = self.studentsInfo.addStudent(name: theName!, id:
            theId!, score: Int(theScore!)!)

        if let theIndex = self.studentsInfo.studentsCollection.index(of:
            theStudent) {

            let theIndexPath = IndexPath(row: theIndex, section: 0)

            self.tableView.insertRows(at: [theIndexPath], with: .automatic)

        }
    }

    let cancelAction = UIAlertAction(title: "Cancel",
                                     style: .default)

    alert.addAction(saveAction)
    alert.addAction(cancelAction)
    present(alert, animated: true)
}
```

图 7-33 按照通过警告框接收信息的方式来改写 addStudent 方法

再次打开文件 StudentsInfo.swift,向其中添加方法 addStudent,用来实现添加一
条学生记录时在 Core Data 数据模型中需要做的工作。如图 7-34 所示,首先获得持久
化容器的上下文实例和 Student 实体的实例。然后,定义一个要向上下文实例中插入
的实体的 NSManagedObject 实例 theStudent,并定义 theStudent 的各属性值。最后,
将 theStudent 实例插入 studentsCollection 数组。注意,这里并没有保存上下文。保
存上下文是一个通用的过程,将其统一放到方法 saveStudents 中。

```
func addStudent(name:String, id:String, score:Int) -> Student {

    let managedContext = persistentContainer.viewContext

    let entity = NSEntityDescription.entity(forEntityName: "Student", in:
        managedContext)!

    let theStudent = NSManagedObject(entity: entity, insertInto: managedContext)

    theStudent.setValue(name, forKey: "name")
    theStudent.setValue(id, forKey: "id")
    theStudent.setValue(score, forKey: "score")

    studentsCollection.append(theStudent)

    return theStudent as! Student

}
```

图 7-34　添加方法 addStudent

修改类 StudentsInfo 的初始化方法，如图 7-35 所示。这里主要是获取上下文实例和实体 Student 中的所有记录，并将其赋值给 studentsCollection。

```
init() {

    let managedContext = persistentContainer.viewContext

    let fetchRequest = NSFetchRequest<NSManagedObject>(entityName: "Student")

    do {

        studentsCollection = try managedContext.fetch(fetchRequest)

    } catch let error as NSError {

        print("Could not fetch. \(error), \(error.userInfo)")

    }

}
```

图 7-35　Core Data 数据模型的初始化

在类 StudentsInfo 的声明部分定义一个私有常量 persistentContainer，并创建一个数据模型 StudentPerformance 的持久化容器实例，将其赋值给 persistentContainer，如图 7-36 所示。

```
private let persistentContainer: NSPersistentContainer = {
    let container = NSPersistentContainer(name: "StudentPerformance")
    container.loadPersistentStores(completionHandler: { (storeDescription, error)
        in
        if let error = error as NSError? {
            fatalError("Unresolved error \(error), \(error.userInfo)")
        }
    })
    return container
}()
```

图 7-36　生成持久化容器实例 persistentContainer

如图 7-37 所示，添加方法 saveStudents，用来保存上下文实例中发生的 CRUD（增加、查询、更新、删除）操作。

```swift
func saveStudents() -> Bool {

    let managedContext = persistentContainer.viewContext

    if managedContext.hasChanges{
        do {
            try managedContext.save()
        } catch  {
            let nsError = error as NSError
            print("Error in saving data!", nsError.localizedDescription)
        }
    }

    return true
}
```

图 7-37　通过方法 saveStudents 保存上下文

如图 7-38 所示，添加方法 deleteStudent。该方法完成两个工作，一是将学生记录 theStudent 从数组 studentsCollection 中删除，二是从上下文 managedContext 中删除 theStudent。

```swift
func deleteStudent(_ theStudent: Student) {

    if let theIndex = studentsCollection.index(of: theStudent) {

        studentsCollection.remove(at: theIndex)

        let managedContext = persistentContainer.viewContext

        managedContext.delete(theStudent)

    }

}
```

图 7-38　删除一条学生记录的方法 deleteStudent

打开文件 AppDelegate. swift，在方法 applicationDidEnterBackground 中添加代码，调用 studentsInfo 中保存上下文的方法 saveStudents，如图 7-39 所示。该方法将在应用进入后台之前被触发，此时统一将持久化容器上下文实例保存到 Core Data 中。

```swift
func applicationDidEnterBackground(_ application: UIApplication) {

    if (studentsInfo.saveStudents()) {
        print("students are saved.")
    } else {
        print("Fail to save students!")
    }

}
```

图 7-39　在应用进入后台之前保存上下文

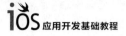

完成以上代码后,编译并运行项目。打开一个空的表格视图,向其中添加 5 条学生成绩记录,然后按 Home 键,切换到主界面,并重启系统,发现添加的记录全部保存下来了,并显示在表格中了,如图 7-40 所示。

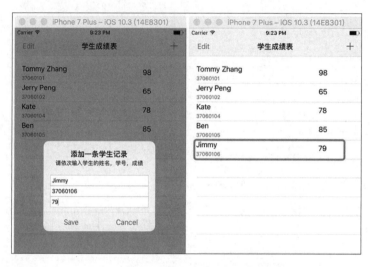

图 7-40　运行应用并向其中添加学生记录

在应用中切换到编辑模式,并将最后一条记录删除。然后按 Home 键,切换到主界面,并重启系统,发现在表格视图中只剩下 4 条记录,被删除的记录不见了,如图 7-41 所示。

图 7-41　在应用中删除学生记录

本例演示了如何通过 Core Data 来实现数据的持久化,并对数据模型进行了查询、添加以及删除的操作。本例数据模型中只有一个实体,因此没有涉及实体间的关系,感兴趣的读者可以查阅苹果公司官方文档进一步学习。

第 8 章
自动布局与屏幕适配

苹果的系列产品众多,目前比较流行的移动设备包括 iPad(以及 iPad mini、iPad Pro)、iPhone、iWatch 等。这些设备都有不同屏幕尺寸,也都支持竖屏和横屏的显示,这就大大增加了应用界面设计的复杂性。为了解决这个问题,Xcode 提供了自动布局和屏幕适配的技术,并不断优化和改进,为开发多种屏幕尺寸的应用界面提供了强大的支持。本章将结合实例介绍相关技术,包括约束布局、堆视图布局、屏幕适配等。

8.1 约束布局

基于约束的自动布局是根据视图控件的约束条件来动态计算其尺寸和位置的技术。例如,可以通过设置一个控件横向居中,纵向与另一个控件底部的距离为一个常量。当屏幕由竖屏变为横屏时,两个控件的尺寸和位置都会变化,但是仍然遵守约束条件,即横向居中且与另一个控件底部的距离不变。

在开发界面的时候,运用这种基于约束条件的自动布局技术,可以很好地动态适应界面的内部或外部变化。所谓内部变化指应用的视图或控件的尺寸发生变化,例如 Label 的 .text 属性的内容变化,应用在不同语言文字间切换时长度的变化等。所谓外部变化指移动设备的屏幕尺寸或形状发生变化,例如 iPhone 由横屏显示变为竖屏显示、同一个应用在不同屏幕尺寸的 iPhone 中使用等。这些变化都是在应用运行时发生的,事前无法确定,因此设置绝对位置和尺寸是无法适应变化的。通过为视图和控件设置约束条件来动态适应变化是一个很好的解决方案。

设置约束条件有两种方式,一种是通过 Xcode 提供的自动布局工具栏的可视化窗口来设置,另一种是通过编程的方式来设置。对于初学者,强烈建议使用前一种方式,后面将详细介绍。

在设置约束条件时,常常用到一些自动布局的术语,在此统一介绍。如图 8-1 所示,Width 表示视图的宽度,Height 表示视图的高度,CenterX 表示视图水平方向的中心线,CenterY 表示视图垂直方向的中心线,Top 表示视图顶部边缘在垂直方向上与最近的视图的距离,Bottom 表示视图底部边缘在垂直方向上与最近的视图的距离,Left 表示视图左部边缘在水平方向上与最近的视图的距离,Right 表示视图右部边缘在水平方向上与最近的视图的距离,Leading 表示左对齐属性,Trailing 表示右对齐属性。

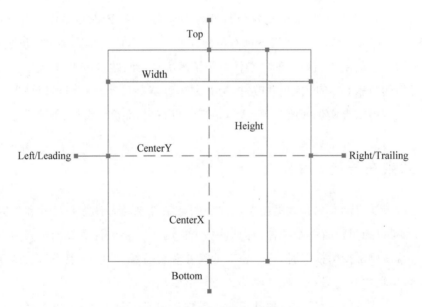

图 8-1　自动布局的相关术语

下面介绍自动布局工具栏中两个主要的工具:约束工具和对齐工具。

约束工具提供了一种快速定义视图位置和尺寸的可视化窗口。其中,视图的位置是通过计算与其相邻的视图的距离来确定的。如图 8-2 所示,窗口的顶部是定义该视图上下左右边缘与其相邻视图的距离约束条件。例如,点亮上边缘的图形符号"I",表示添加一条与上边缘相邻视图的距离约束条件,在对应的文本框中可输入表示距离的具体数字。另外,该窗口还可以设置宽度、长度等属性的约束条件。

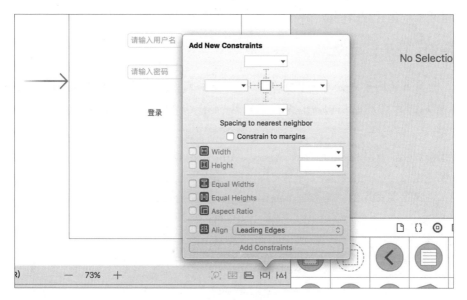

图 8-2　添加约束设置的窗口

对齐工具提供了一种快速定义视图对齐属性的可视化窗口。如图 8-3 所示,在该窗口中可以根据需要选择特定的对齐方式。一般来讲,在设置对齐方式时,要先选中两个或两个以上的视图,然后再选择它们的对齐方式。具体的对齐方式包括左对齐、

图 8-3　添加对齐设置的窗口

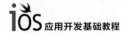

右对齐、顶部对齐、底部对齐、水平居中、垂直居中以及基线对齐等。另外,也可以对一个视图设置其在容器内的对齐方式:水平对齐或垂直对齐。

实例:登录界面设计

本例要求运用苹果公司提供的约束布局技术来设计一个在线教学系统的登录界面,界面元素包括页面标题"在线教学系统"、用户名输入框、密码输入框和"登录"按钮。

如图 8-4 所示,创建一个名为 AutoLayoutSample 的新项目。

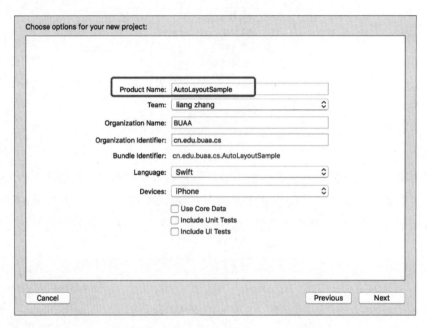

图 8-4　创建新项目 AutoLayoutSample

在项目文件导航窗口选中 Main. storyboard 文件,在最右侧的属性编辑窗中确认已经选中自动布局相关的选项,如图 8-5 所示。

根据项目要求,打开故事板,向视图中拖曳一个 Label、两个 TextField 和一个 Button,并依次摆放到合适的位置,如图 8-6 所示。

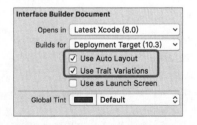

图 8-5　设置 AutoLayout 选项

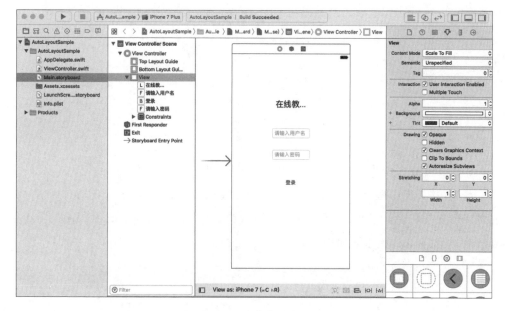

图 8-6　搭建登录界面

编译并运行程序,如图 8-7 所示,初步运行效果和设计要求完全一致。

图 8-7　项目 AutoLayoutSample 初步运行效果

将屏幕向左旋转 90°,得到程序横屏运行的效果,如图 8-8 所示。从图中不难发现,4 个控件的显示并不整齐,我们将在后面通过约束条件的设置来修复这个问题。

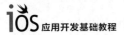

图 8-8　项目 AutoLayoutSample 横屏运行的效果

　　首先，从界面中最上部的标题 Label 开始。选中该 Label，再单击自动布局工具栏的对齐设置按钮。如图 8-9 所示，在对齐设置窗口中，勾选 Horizontally in Container 复选框，设置 Label 为水平居中对齐，然后单击按钮 Add 1 Constraint 来添加约束。

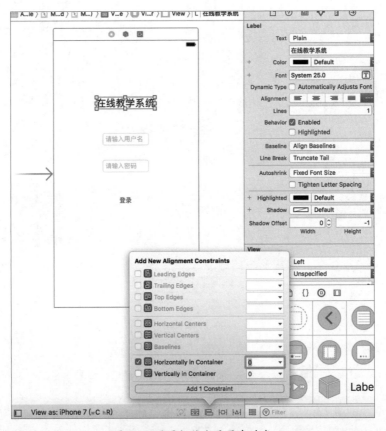

图 8-9　设置标签水平居中对齐

如图 8-10 所示，在设置完 Label 的水平对齐属性后，发现系统报错。

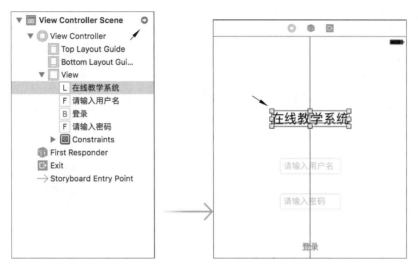

图 8-10　标签的约束条件报错

单击图 8-10 左上角的红色箭头，打开错误详情报告。如图 8-11 所示，系统显示 Label"在线教学系统"需要 Y 轴的位置，即纵向需要约束条件，这样通过横向的水平居中对齐和纵向的约束条件就能确定该 Label 的位置了。

图 8-11　约束条件的报错信息

根据报错信息的提示，继续为该 Label 添加纵向的约束条件。如图 8-12 所示，在添加约束的窗口中设置该 Label 的 top 属性，即在最上面的输入框中输入该 Label 顶部边缘与最近的控件的距离，然后点亮该编辑框下面的图形符号"I"。最后，单击 Add 1 Constraint 按钮。

图 8-13 为设置完 Label 后的效果，原来的红色报错标志消失了。

继续为"用户名"输入设置约束条件。如图 8-14 所示，设置该输入框的 top 属性，即该输入框在纵向上与最近的控件的距离为 61。

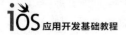

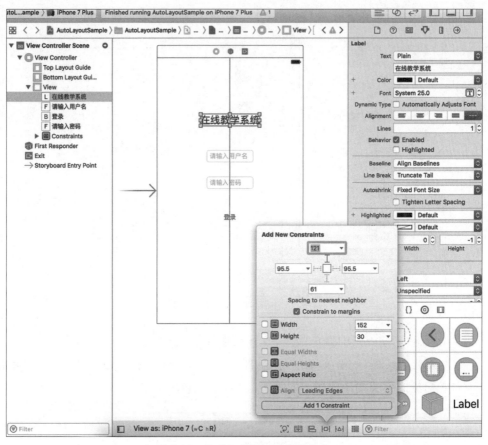

图 8-12　设置标签的 top 属性约束

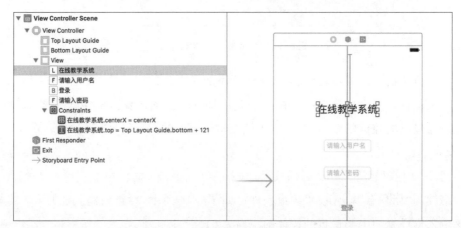

图 8-13　设置完标签约束后的效果

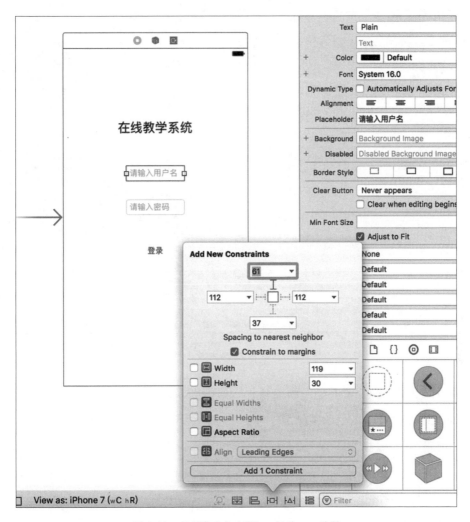

图 8-14　设置"用户名"输入框的 top 属性

然后,设置该输入框的水平约束。如图 8-15 所示,选中该输入框,打开对齐约束设置窗口,勾选 Horizontally in Container 复选框,将其设置为水平居中对齐。

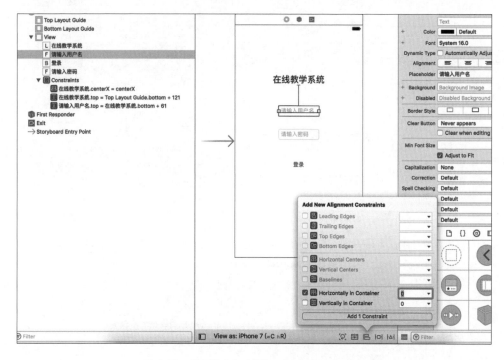

图 8-15　设置"用户名"输入框水平居中对齐

接着,设置"密码"输入框的约束条件。如图 8-16 所示,设置其 top 属性,确定其在纵向上与上一个输入框的距离。

"密码"输入框与"用户名"输入框的设置方式不一样。这里,虽然两个输入框的长度可能不一样,但是要求两个输入框是左对齐的。如图 8-17 所示,同时选中这两个输入框,然后打开对齐设置窗口,勾选 Leading Edges 复选框。

最后,设置"登录"按钮。如图 8-18 所示,设置其 top 属性,使其在纵向上与"密码"输入框的距离保持不变。

如图 8-19 所示,继续设置"登录"按钮水平居中对齐。

完成上述设置后,系统没有任何错误信息提示。编译并运行程序,运行效果如图 8-20 所示,与设计要求一致。

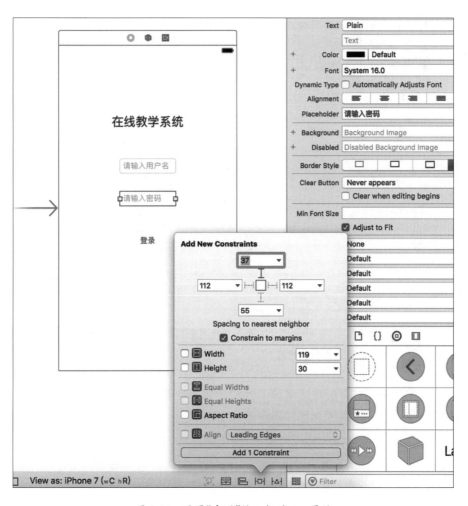

图 8-16　设置"密码"输入框的 top 属性

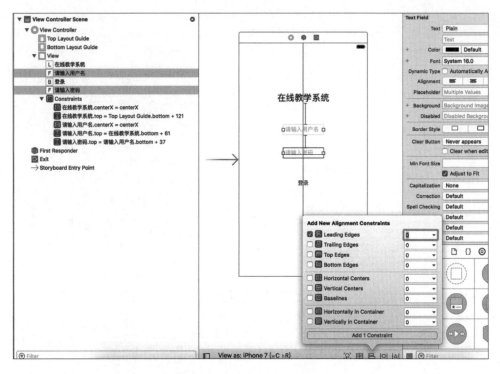

图 8-17　设置两个输入框左对齐

将屏幕向左旋转 90°，如图 8-21 所示，横屏显示效果也让人满意。

在前面的操作中，通过自动布局工具栏为每一个控件设置了条件约束。实际上，每设置一个约束条件，系统都会自动生成一条语句来对应。换句话说，既可以通过自动布局工具栏来完成控件的条件约束设置，也可以通过编写代码的方式来实现。打开故事板，展开 View Controller 节点下的 Constraints，可以看到设置的每一个约束所对应的条件语句，如图 8-22 所示。

运行界面中还有一个不足之处，就是两个输入框由于提示语的字数不一样，导致长短不一，虽然设置了左对齐，但是右边又不齐，看上去不工整。为了解决这个问题，可以将两个输入框设置为相同宽度。如图 8-23 所示，在约束设置窗口中勾选 Equal Widths 复选框。

设置完的效果如图 8-24 所示，此时两个输入框的宽度一致，并且以宽度较大的那个为准。

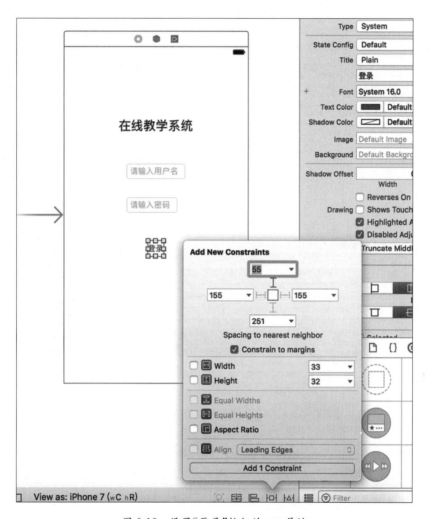

图 8-18　设置"登录"按钮的 top 属性

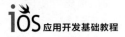

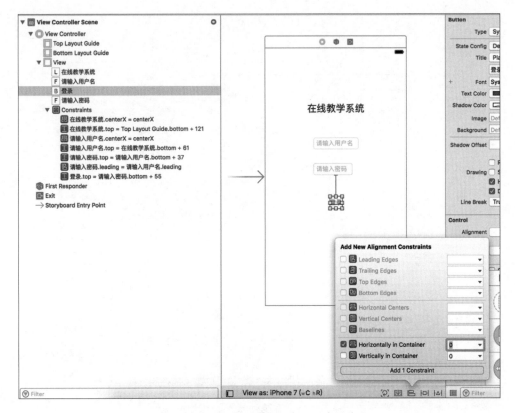

图 8-19　设置"登录"按钮水平居中对齐

图 8-20　设置约束后的运行界面

图 8-21 设置约束后的横屏运行界面

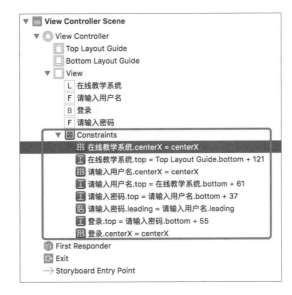

图 8-22 约束集列表

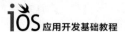

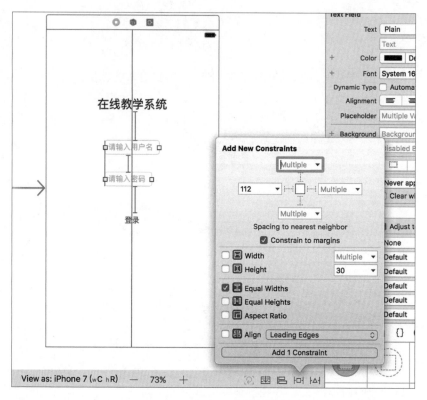

图 8-23　设置两个输入框等宽

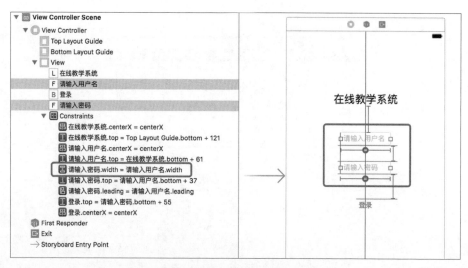

图 8-24　设置完两个输入框等宽后的效果

再次编译并运行程序，项目最终的运行效果如图 8-25 所示。

图 8-25　项目最终的运行效果

屏幕向左旋转 90°，横屏运行效果如图 8-26 所示，符合设计要求。

图 8-26　项目最终的横屏运行效果

本例中的约束布局比较简单，在实际应用中，由于界面数量以及每个界面中的控件数量都很庞大，约束设置也会变得非常复杂。但是，用到的设置方法和本例并没有什么差别，只是工程量会大许多。因此，只要掌握方法，就能够应对更加复杂的情况。

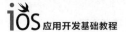

8.2　堆视图布局

堆视图布局提供一种按行或列来进行视图控件布局的方法。堆视图通过设置相关属性来配置,包括如下属性:

轴(axis):定义堆视图的布局方向,包括垂直和水平两个方向。

分布(distribution):定义沿着轴方向的视图布局方式。

对齐(alignment):定义垂直于轴方向的视图布局方式。

间距(spacing):定义相邻视图之间的距离。

通过堆视图的属性设置可以定义堆视图内的控件布局,但是堆视图本身仍然需要通过约束布局的方式来为其设置约束条件。

Xcode 提供了强大的可视化工具来支持堆视图布局。开发者只需要在控件库中找到需要的堆视图控件(垂直堆视图或水平堆视图),并将其拖曳到画布中即可。然后,再通过拖曳的方式向堆视图添加控件即可。

堆视图不仅可以按照垂直或水平方向对界面进行布局,也可以通过堆视图的多层嵌套来实现复杂的界面设计。

实例:登录界面设计 2.0

本例要求运用苹果公司提供的堆视图布局技术设计一个在线教学系统的登录界面,界面元素包括页面标题"在线教学系统"、用户名输入框、密码输入框和"登录"按钮。

如图 8-27 所示,创建一个名为 StackViewSample 的新项目。

打开故事板文件,向根视图中拖入一个垂直堆视图,如图 8-28 所示。调整该垂直堆视图在根视图中的位置。

然后,继续向该垂直堆视图中依次拖入一个 Label、两个水平堆视图和一个 Button,如图 8-29 所示。

完成上述操作后的设计界面如图 8-30 所示。在将控件拖入堆视图时,要注意在出现横线时才能松开鼠标,否则可能会将控件添加到外面的根视图中。可以通过检查左侧的视图控件目录来检查视图之间的从属关系。

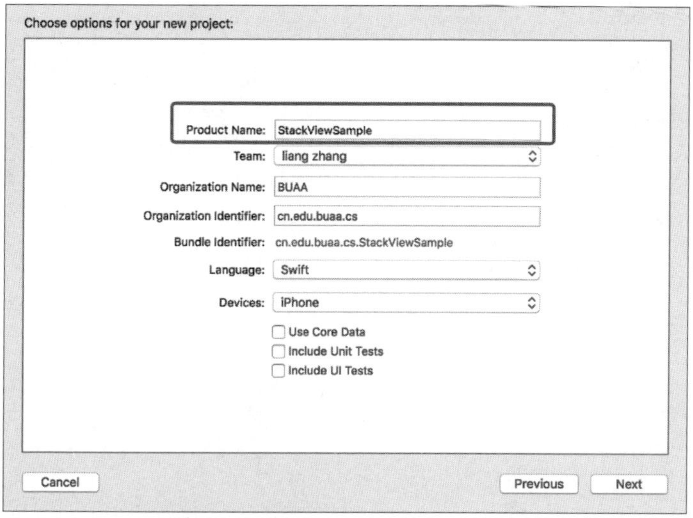

图 8-27 创建新项目 StackViewSample

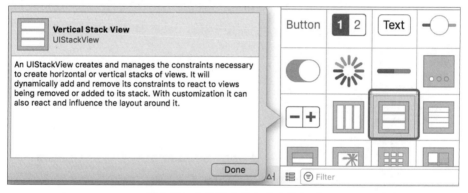

图 8-28 向视图中添加垂直堆视图

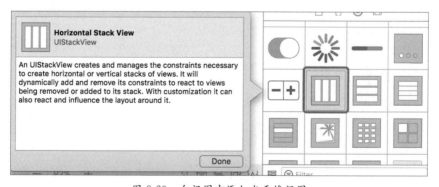

图 8-29 向视图中添加水平堆视图

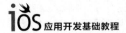

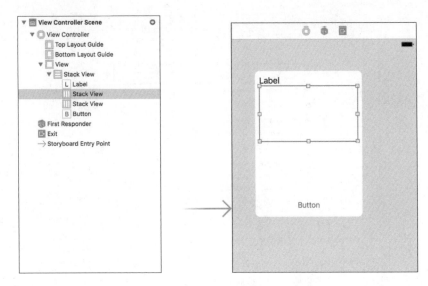

图 8-30　添加堆视图控件后的设计界面

如图 8-31 所示,依次向两个水平堆视图中添加 Label 和 TextField。

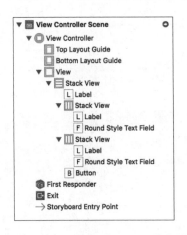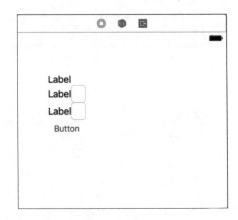

图 8-31　向水平堆视图中添加控件

如图 8-32 所示,按照项目要求修改相关控件的标题。

下面设置垂直堆视图的约束条件。如图 8-33 所示,通过对齐属性窗口设置垂直堆视图为水平居中对齐。

如图 8-34 所示,继续通过约束属性窗口设置垂直堆视图的 top 属性约束条件。这样,对垂直堆视图的横向和纵向都进行了约束设置。

图 8-32　设置界面中控件的标题

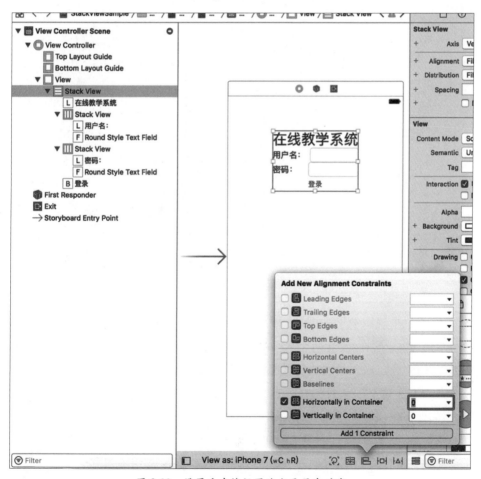

图 8-33　设置垂直堆视图为水平居中对齐

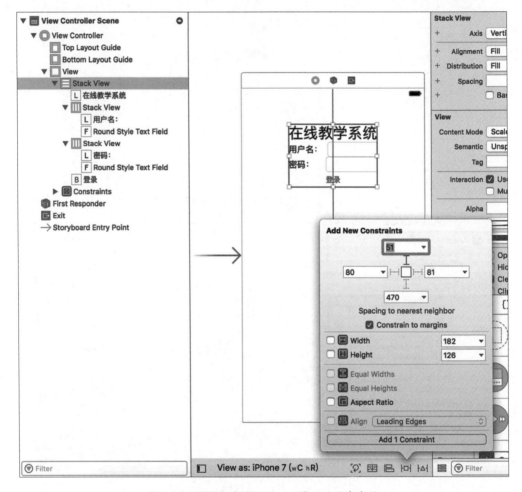

图 8-34 设置垂直堆视图 top 属性的约束条件

最后,设置堆视图中子视图的间距属性 spacing。如图 8-35 所示,设置垂直堆视图的间距为 120。同样,设置两个水平堆视图的间距为 20。

编译并运行程序,项目的运行效果如图 8-36 所示,竖屏显示与设计要求一致。

屏幕向左旋转 90°,项目的横屏运行效果如图 8-37 所示,"登录"按钮未能显示出来,这个问题可以通过调整垂直堆视图的间距来解决。

如图 8-38 所示,将垂直堆视图的间距调整为 60。

再次编译并运行程序,并将屏幕向左旋转 90°。如图 8-39 所示,修改后的项目横屏运行效果符合设计要求。

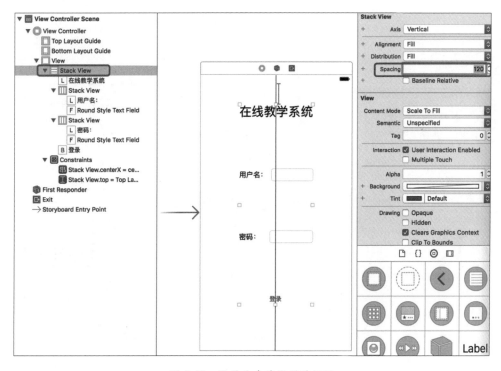

图 8-35　设置垂直堆视图的间距

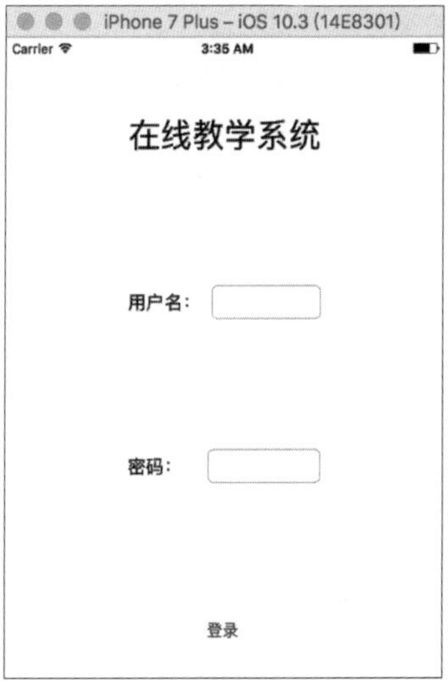

图 8-36　项目 StackViewSample 运行效果 　　　图 8-37　项目 StackViewSample 横屏运行效果

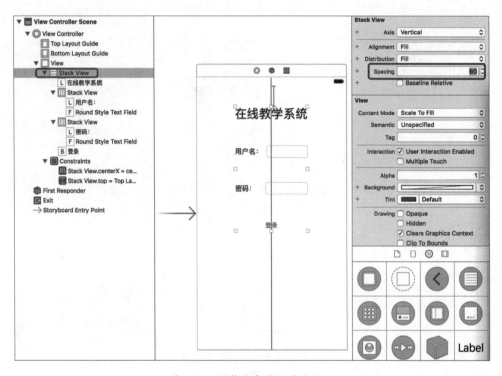

图 8-38　调整垂直堆视图的间距

图 8-39　修改后的项目 StackViewSample 横屏运行效果

8.3　屏幕适配

屏幕适配(size class)技术主要是为了解决各种不同屏幕尺寸的苹果设备中视图的正常显示问题。屏幕适配技术往往需要和其他自动布局技术结合使用。在当前屏幕尺寸下,可以为其他屏幕尺寸情况预先定义多种自动布局属性。当屏幕尺寸发生变化时,自动布局属性将根据预先的设置自动适配。可以预先设置的情况包括加载或卸载一个视图控件、加载或卸载一个约束条件、相关属性的取值。

苹果公司一共定义了 9 种屏幕尺寸,分别为：wCompact-hCompact、wAny-hCompact、wRegular-hCompact、wCompact-hAny、wAny-hAny、wRegular-hAny、wCompact-hRegular、wAny-hRegular、wRegular-hRegular。其中,w 表示宽度,h 表示高度,Compact 表示紧凑,Any 表示任意,Regular 表示正常。不同的苹果设备的屏幕(分为竖屏和横屏)分别对应其中的一种。

根据应用运行的可能屏幕尺寸情况,可以根据显示的需要,为每一种屏幕尺寸定义不同的自动布局属性,从而达到应用在运行中的屏幕适配。

实例：登录界面设计 2.1

本例要求运用苹果公司提供的屏幕适配技术来解决项目登录界面设计 2.0 项目中的问题：在堆视图间距为 120 时,"登录"按钮在横屏状态无法显示。在 8.2 节中是通过修改间距为 60 来修复的,实际上是将界面要显示的内容都压缩在竖屏和横屏的重叠区域。这种方法会导致界面有效显示面积变小。本例要通过屏幕适配技术,在不改变间距 120 的基础上解决这个问题。

打开项目登录界面设计 2.0 的工程文件,将垂直堆视图的间距设置为 120,编译并运行程序。竖屏和横屏显示效果如图 8-40 所示。

下面运用屏幕适配技术来修复这个问题。打开工程文件中的故事板文件,在视图编辑窗口中展开屏幕适配工具栏,如图 8-41 所示。

本项目选择的设备是 iPhone 7,当前 Orientation 为竖屏状态,单击屏幕适配工具栏上横屏图标将 Orientation 切换到横屏状态,如图 8-42 所示。我们发现"登录"按钮在横屏状态没有显示出来。

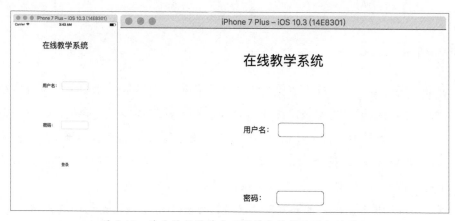

图 8-40　登录界面设计 2.0 竖屏和横屏的运行效果

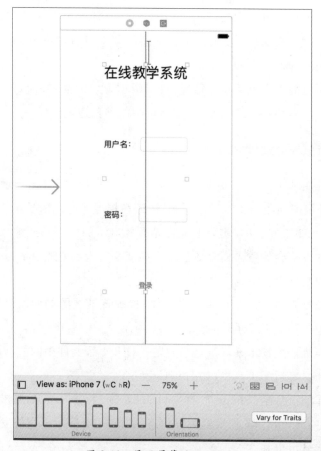

图 8-41　展开屏幕适配工具栏

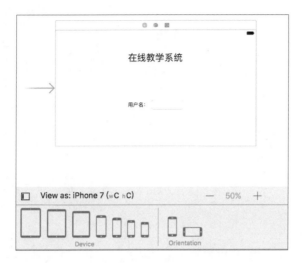

图 8-42 将设备切换到横屏状态

如图 8-43 所示，选中垂直堆视图，在其属性编辑器中单击属性 Spacing 前面的 "＋"，打开变量设置窗口，并设置 Width 为 Compact，Height 为 Compact，单击 Add Variation 按钮。

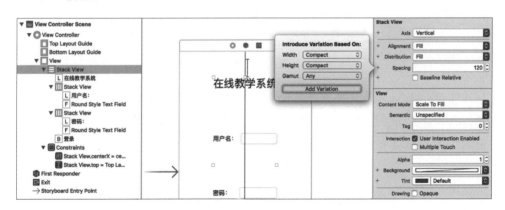

图 8-43 在垂直堆视图中添加一个间距的变量

然后，设置这个新的 Spacing 变量 wC hC 为 50 并按回车键。如图 8-44 所示，在设计界面中已经可以完整地看到所有视图控件了。

编译并运行程序，竖屏显示正常。再将屏幕向左旋转 90°，如图 8-45 所示，横屏显示正常，和设计界面一致。

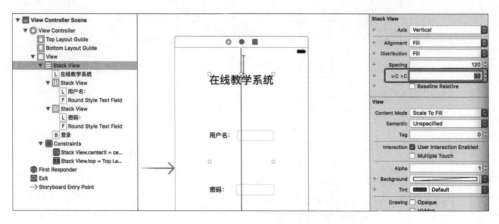

图 8-44　设置 Spacing 变量 wC hC

图 8-45　修复后的横屏运行效果

另外,还可以通过改变横屏时堆视图的轴变量来修复这个问题。

如图 8-46 所示,选中垂直堆视图,在其属性编辑器中找到轴属性 Axis,单击 Axis 前面的"＋",在弹出的窗口中设置 Width 为 Compact,Height 为 Compact,单击 Add Variation 按钮。

如图 8-47 所示,设置这个新的 Axis 变量 wC hC 为 Horizontal 并按回车键,此时还有部分视图控件无法完全显示。

继续为另外两个水平堆视图添加轴变量,并将其设置为 Vertical,如图 8-48 所示。

最后,还要为垂直堆视图添加一个间距变量 wC hC,并将其设置为 30,如图 8-49 所示。

编译并运行程序,第二种修改方法的竖屏运行效果不变,横屏运行效果如图 8-50 所示。

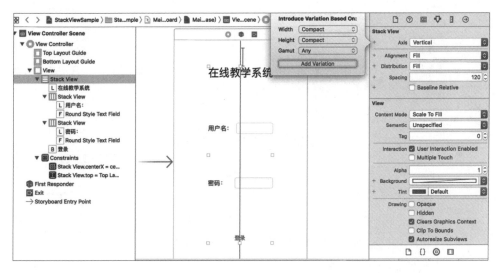

图 8-46　添加一个轴变量到垂直堆视图中

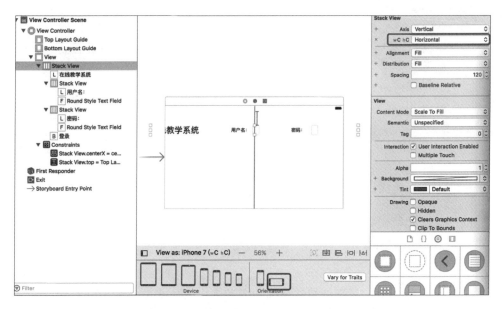

图 8-47　设置垂直堆视图的轴变量 wC hC

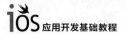

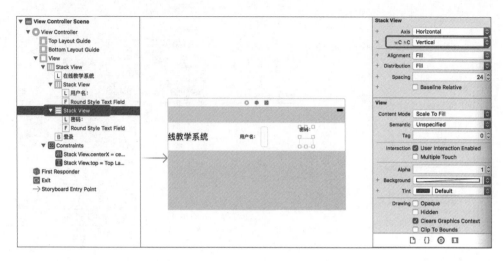

图 8-48　设置水平堆视图的轴变量 wC hC

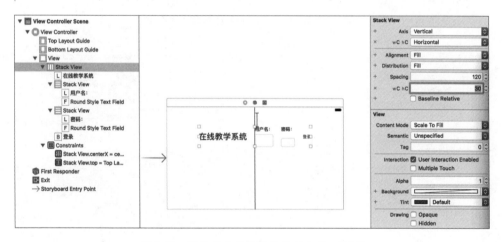

图 8-49　设置垂直堆视图的间距变量 wC hC

图 8-50　第二种修改方法的横屏运行效果

第9章
其他主题

前面各章基本覆盖了 iOS 应用开发相关的基础知识,本章介绍一些较为分散但很重要的其他主题,包括在 Xcode 中调试程序、项目的本地化以及应用发布等。

9.1　调试

在开发应用时,不可避免地会犯错误(语法错误和逻辑错误)。当发现错误后,如何定位错误并改正错误呢? Xcode 提供了强大的错误调试工具,帮助开发人员识别并定位错误,然后通过代码执行过程来检查控制流和数据结构的状态找到错误的原因,直到修复所有错误。

下面结合前面章节中的实例进行介绍,找到项目学生成绩表 6.2 项目,打开项目中的文件 StudentInfo. swift。

1. 语法错误

对于语法错误或可能引起错误的情况,Xcode 会在问题语句行显示,并给出修改方案。对于开发者来说,只需要在确认错误及修改方案后直接单击修改方案即可完成修复。

如图 9-1 所示,将函数 addStudent 中第一条语句的关键字 let 修改为 var 时,系统会马上用黄色三角符号在这一行的行首给出警告。警告是可以忽略的,不修改并不会影响程序的执行。单击该黄色三角符号，会弹出一个窗口，并提示：变量 managedContext 从来没有变化，可以考虑将修改为常量，同时提供了解决方案：将 var 替换为 let。如果认可系统给出的解决方案，直接单击 Fix-it 行，系统就会自动修改代码。

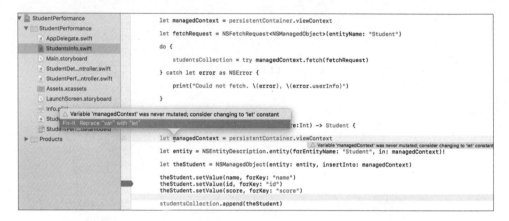

图 9-1　语法警告提示

如图 9-2 所示，将函数 addStudent 中最后一条语句的"as!"修改为"as"时，系统会立即用红色圆形符号在这一行的行首提示错误。错误是必须修复的，否则程序无法执行。单击该红色圆形符号，会弹出一个窗口，提示：NSManagedObject 不能自动转换为 Student，是否要强制转换，同时提供了解决方案：将"as"替换为"as!"。

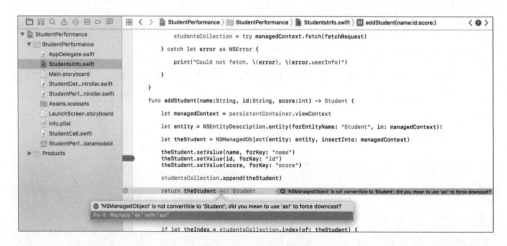

图 9-2　语法错误提示

2. 逻辑错误

逻辑错误大部分在运行阶段才能发现并定位。修复逻辑错误相对来说比较复杂，往往需要获取程序运行阶段的各种数据，根据这些数据进行分析后，才能定位错误并最终解决错误。

先来看看 Xcode 提供的一些常用调试工具。

如图 9-3 所示，当项目进入调试状态后，单击最左侧工具栏的第 6 个标签，即可打开调试测量器。该测量器动态显示了正在运行的应用的资源占用情况，包括 CPU、内存、硬盘以及网络。

单击其中任意一个条目，还可以进一步打开详情窗口。如图 9-4 所示，单击 Memory 条目，即可打开一个更加详细的内存资源使用情况。

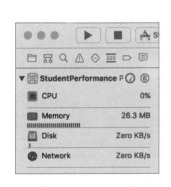

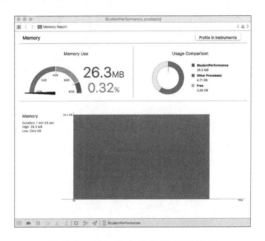

图 9-3　调试测量器　　　　　　　　图 9-4　详细的内存资源使用情况

设置断点是一个广泛使用的程序调试方法，它可以通过检查程序运行过程中的实际状态来帮助开发者判断错误的根源。断点会中断程序的正常执行，使开发者可以单步跟踪程序执行中的各个状态，包括变量的值、控制流的执行过程等。在编辑界面中设置一个断点非常便利，如图 9-5 所示，在需要中断的程序语句前单击即可设置一个断点。

设置完断点后，直接单击运行按钮，程序运行到断点处会自动切换到调试界面，如图 9-6 所示。调试界面分为 4 个主要的区域，包括 Debug 导航区、变量观察区、控制台

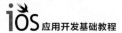

```
    }

    init() {

        let managedContext = persistentContainer.viewContext

        let fetchRequest = NSFetchRequest<NSManagedObject>(entityName: "Student")

        do {

            studentsCollection = try managedContext.fetch(fetchRequest)

        } catch let error as NSError {

            print("Could not fetch. \(error), \(error.userInfo)")

        }

    }

    func addStudent(name:String, id:String, score:Int) -> Student {

        let managedContext = persistentContainer.viewContext

        let entity = NSEntityDescription.entity(forEntityName: "Student", in: managedContext)!

        let theStudent = NSManagedObject(entity: entity, insertInto: managedContext)

        theStudent.setValue(name, forKey: "name")
        theStudent.setValue(id, forKey: "id")
        theStudent.setValue(score, forKey: "score")

        studentsCollection.append(theStudent)

        return theStudent as! Student

    }
```

图 9-5　设置断点

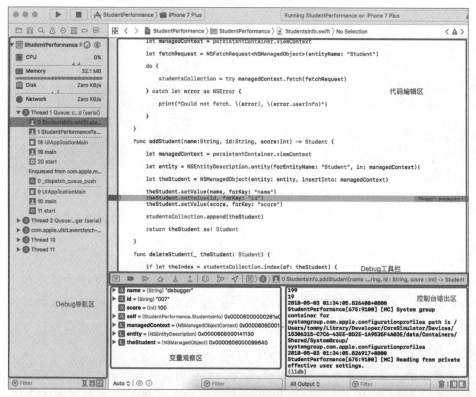

图 9-6　调试界面

输出区、代码编辑区。其中，Debug 导航区由两部分组成：调试测试器（见图 9-3）和过程查看器。过程查看器用来检查当前应用的执行控制流。变量观察区显示当前各个相关变量的值。控制台输出区用来动态显示系统信息。代码编辑区显示当前正在执行的源代码文件，并高亮显示正在执行的语句行。

在调试过程中，最常用的就是调试工具栏，如图 9-7 所示，从左到右依次为隐藏/显示的切换按钮、断点激活按钮、继续执行/中断的状态切换按钮以及 3 个单步跟踪按钮。3 个单步跟踪按钮分别为 step over（执行到下一行语句）、step into（进入当前语句的内部，通常为函数）、step out（跳出当前函数）。

图 9-7　调试工具栏

前面已经设置了一个断点，单击运行按钮。如图 9-8 所示，模拟器启动并进入应用中，单击"＋"来添加一个新的学生（注意：断点设置在函数 addStudent 中，所以只有添加学生才会执行该函数，从而触发断点，并进入调试模式）。输入完学生信息后，单击 Save 按钮，Xcode 自动切换到调试模式，如图 9-6 所示，程序执行中断并停在断点处。

另外，在设置断点的时候，还可以对断点进行编辑。如图 9-9 所示，在断点处右击，会弹出一个菜单。通过该菜单，可以对断点进行操作，包括编辑断点、使断点失效、删除断点、显示断点等。

选择断点快捷菜单的 Edit Breakpoint 命令，打开断点编辑窗口，如图 9-10 所示。在断点编辑窗口中，可以为该断点设置触发条件、忽略执行的次数、触发的动作等。在

图 9-8　添加一条学生记录

这里，添加一个断点触发条件，即 id＝＝"008"。在应用执行过程中，当添加的学生的 id 等于 008 时，则程序执行到该断点处，断点被激活，进入调试模式；如果添加的学生的 id 不等于 008，则该断点无效，程序不会中断执行。

```
let managedContext = persistentContainer.viewContext

let entity = NSEntityDescription.entity(forEntityName: "Student", in: managedContext)!

let theStudent = NSManagedObject(entity: entity, insertInto: managedContext)

theStudent.setValue(name, forKey: "name")
                      forKey: "id")
                    , forKey: "score")

                    d(theStudent)

                    dent

func deleteStudent(_ theStudent: Student) {

    if let theIndex = studentsCollection index(of: theStudent) {
```

| Edit Breakpoint... |
| Disable Breakpoint |
| Delete Breakpoint |
| Reveal in Breakpoint Navigator |

图 9-9　断点操作菜单

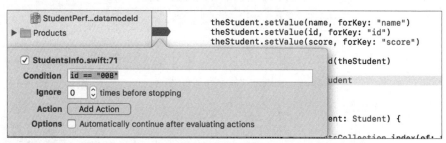

StudentPerf...datamodeld
▶ 📁 Products

theStudent.setValue(name, forKey: "name")
theStudent.setValue(id, forKey: "id")
theStudent.setValue(score, forKey: "score")

☑ StudentsInfo.swift:71

Condition id == "008"

Ignore 0 ⏶⏷ times before stopping

Action [Add Action]

Options ☐ Automatically continue after evaluating actions

图 9-10　断点编辑窗口

编辑好断点后,再次运行程序。如图 9-11 所示,在应用中添加一个学生,并将其 id 设置为 008,然后单击 Save 按钮。

iPhone 7 Plus – iOS 10.3 (14E8301)

Carrier 🔋　　　　　1:56 AM

Edit　　　　　学生成绩表　　　　　＋

zhang liang
37060199　　　　　　　　　　100

pennie zhang
37060199　　　　　　　　　　19

dodo zhang
SY060116　　　　　　　　　　199

shao hua
xxxx　　　　　　　　　　19

添加一条学生记录
请依次输入学生的姓名, 学号, 成绩

Jack Chow

008

60

Save　　　　Cancel

图 9-11　输入一个 id 为 008 的学生

如图 9-12 所示,程序执行中断并进入调试模式,中断位置是断点处。此时,通过变量观察区可以看到 id 的值为 008。

图 9-12　条件中断运行界面

重新运行程序,并在应用中添加一个 id 不等于 008 的学生信息,单击 Save 按钮后,程序继续正常运行,并没有触发断点。

9.2　国际化与本地化

本地化就是将应用中的一种语言翻译为多种语言的过程。而要实现应用的本地化,就必须先进行国际化。国际化就是使应用具备支持不同语言显示的能力。

目前,苹果公司的 App Store 已经可以在 150 多个国家使用,国际化是任何一个应用想要打开全球市场所必经的一步。因此,应用的国际化与本地化是每一个开发者必须掌握的内容。

本节通过一个实例来说明国际化与本地化过程。

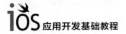

实例：汇率转换工具2.0

本例要求在第4章的实例货币兑换工具的基础上,实现在简体中文和英文两种系统语言下都能够正确显示相应的语言文字。

打开项目货币兑换工具的工程文件 ExchangeRMBToDollar。打开故事板,发现有4个控件与文字显示有关,分别为3个 Label 和1个 TextField。项目要求这4个控件在应用运行时,根据系统设置的语言来显示相应的文字。

原来的项目中是将控件显示的字符串直接写在属性文件中的,要实现这些字符串的本地化,就必须将其放入一个独立的文件,然后根据不同的系统语言来获取不同的字符串。因此,将这4个控件中预先写入的文字修改为控件的名字,如图9-13所示。而控件应该显示的文字将在运行阶段写入。

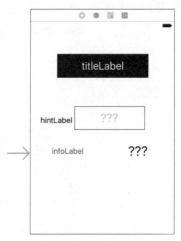

图 9-13 重置界面中的文字

在 iOS 中,应用中不同语言所使用的本地化字符串都保存在本地化文件. strings 中。下面创建本地化文件。通过菜单创建一个新文件,在文件类型对话框中选择 iOS→Resource→Strings File,然后单击 Next 按钮,如图9-14所示。

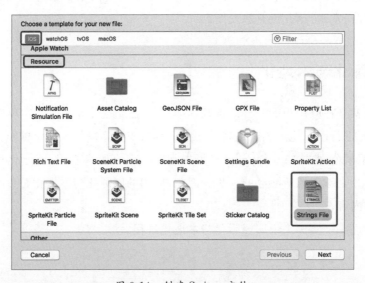

图 9-14 创建 Strings 文件

如图 9-15 所示，文件名保存为 Localizable。Localizable. strings 是 iOS 系统中默认的本地化文件名。命名时遵守约定，在使用的时候会比较便利。

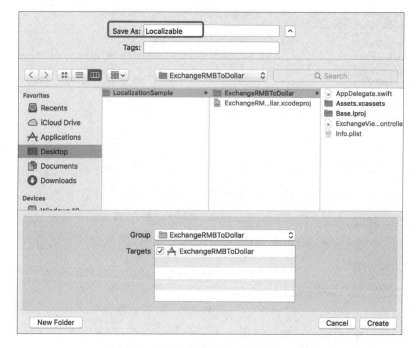

图 9-15　将文件保存为 Localizable. strings

Localizable. strings 文件是按照"键-值"对的方式来保存数据的。如图 9-16 所示，选择 Localizable. strings 文件，向文件中添加 4 个控件中要显示文字的字符串，等号左边为键，右边为值。

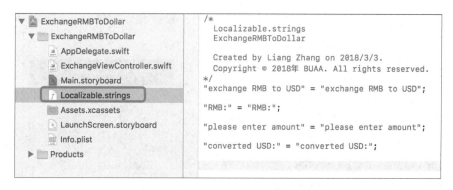

图 9-16　编辑 Localizable. strings 文件

要通过程序来动态设置 4 个控件中的文字,应先为 3 个 Label 建立与文件 ExchangeViewController. swift 的连接,如图 9-17 所示。

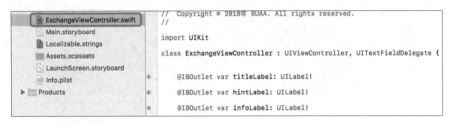

图 9-17　创建界面中 Label 的连接关系

在视图控制器 ExchangeViewController 中重载函数 viewDidLoad,实现在视图载入之前对 4 个控件中的文字内容初始化的功能,如图 9-18 所示。其中,NSLocalizedString (_:key:tableName:bundle:value:comment:)函数用来根据 key 获取本地化文件中对应的值,这里 tableName、bundle、value 都可以取默认值,因此调用该函数时只需要提供 key 和 comment。

```
override func viewDidLoad() {
    super.viewDidLoad()
    titleLabel.text = NSLocalizedString("exchange RMB to USD", comment: "title label")
    hintLabel.text = NSLocalizedString("RMB:", comment: "hint label")
    infoLabel.text = NSLocalizedString("converted USD:", comment: "info label")
    dollarTextField.placeholder = NSLocalizedString("please enter amount", comment:
        "place holder of texf field")
}
```

图 9-18　重载 viewDidLoad 函数

编译并运行程序,应用的运行界面如图 9-19 所示,可以看到,设计界面中的控件名已经被替换为本地化文件中的字符串了。

下面为项目增加简体中文的本地化支持。如图 9-20 所示,在项目文件列表中选择 ExchangeRMBToDollar,再在中间栏中选择 ExchangeViewRMBToDollar,然后在右边的面板中选择 Info 标签,在最下方单击"+"。

图 9-19　应用 LocalizationSample 运行界面

图 9-20　添加中文的本地化支持

在弹出的对话框中选择需要本地化为简体中文的项目文件,如图 9-21 所示,复选全部文件,然后单击 Finish 按钮,这样就创建完成了简体中文的本地化文件了。

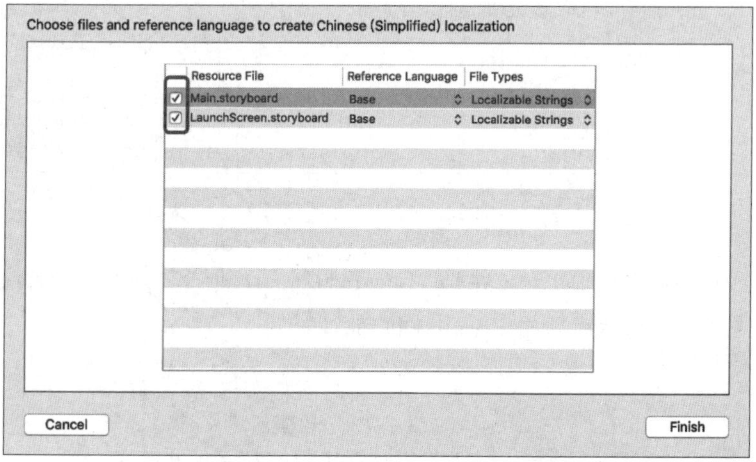

图 9-21　选择需要本地化的文件

打开项目工程文件目录,可以检查新创建的简体中文本地化文件 zh-Hans.lproj,如图 9-22 所示。另外,Base.lproj 为项目默认的本地化文件夹,应用运行的时候如果找不到对应语言的本地化文件,则会使用该文件夹中的资源。

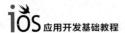

名称		修改日期	大小	种类
📄 AppDelegate.swift		2018年3月3日 下午6:48	2 KB	Swift Source
▶ 📁 Assets.xcassets		2018年3月3日 下午7:15	--	文件夹
▶ 📁 Base.lproj		今天 下午5:59	--	文件夹
📄 ExchangeViewController.swift		今天 下午5:58	2 KB	Swift Source
📄 Info.plist		2018年3月3日 下午6:48	1 KB	Property List
📄 Localizable.strings		今天 下午5:58	292 字节	Strings File
▶ 📁 zh-Hans.lproj		今天 下午6:03	--	文件夹

图 9-22　项目中的本地化文件夹

下一步是将已经创建的 Localizable. strings 文件放入各个本地化文件夹中。如图 9-23 所示,在项目文件浏览器中选择文件 Localizable. strings,然后在最右侧的窗口中单击 Localize 按钮。

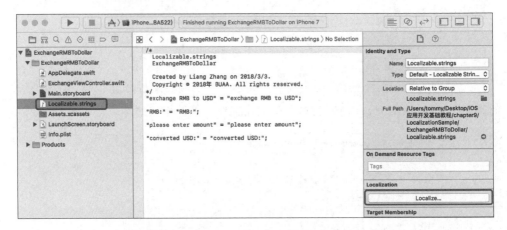

图 9-23　将 Localizable. strings 文件放入本地化文件夹中

系统会弹出对话框询问该文件(即 Localizable. strings)属于何种语言,这里选择英语,如图 9-24 所示,然后单击 Localize 按钮。

图 9-24　选择本地化文件的语言

在本地化文件浏览窗口中会显示已经支持本地化的语言，在这里选择 English 和 Chinese(Simplified)两个复选框，如图 9-25 所示。

此时，展开项目文件浏览器中的文件 Localizable. strings，可以看到分别生成了英文和简体中文的本地化文件，如图 9-26 所示。

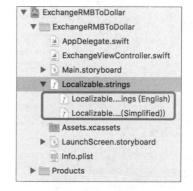

图 9-25　支持本地化的语言列表　　图 9-26　系统生成的英文和简体中文本地化文件

选中 Localizable. strings(Simplified)，将每个键对应的值修改为相应的中文字符串，如图 9-27 所示。

图 9-27　编写简体中文的本地化文件

下面来检验一下效果。单击项目运行的脚本，选择 Edit Scheme 选项，然后打开脚本编辑窗口，如图 9-28 所示，选择 Run→Options→Application Language→Chinese(Simplified)，单击 Close 按钮。这样就将设备运行时的系统语言设置为简体中文，而默认的情况为英文。

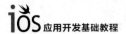

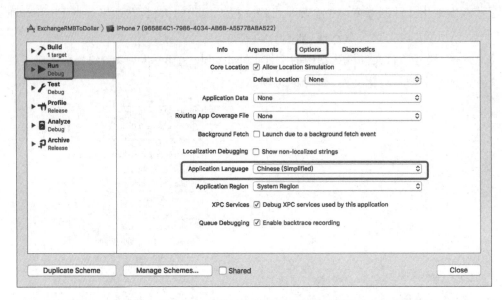

图 9-28　设置运行时的系统语言设置

编译并运行程序,如图 9-29 所示,应用正确地选择简体中文的本地化文件来设置界面中控件的文字。

图 9-29　中文环境下应用运行界面

9.3　应用发布

前面章节主要介绍如何开发 iOS 应用,而本节则聚焦于 iOS 应用开发完成后的收尾工作,包括给应用添加图标、启动页面以及应用流程等。

1．添加图标

由于苹果公司产品系列众多，仅 iPhone 每年就会发布两款新版产品，目前使用中的 iPhone 型号就有 iPhone SE、iPhone 6S、iPhone 6S Plus、iPhone 7、iPhone 7 Plus、iPhone 8、iPhone 8 Plus、iPhone X。iPhone 不仅型号多，而且屏幕尺寸和分辨率也不同，这就要求在应用中使用的图片需要考虑到目标设备的具体要求。开发者可以通过查阅苹果公司的官方文档来确定目标设备所要求的具体图片规格。一般来说，应用图标应由专业的 UI（用户界面）设计师来设计，程序员只需要提出图标规格要求即可。

下面以第 4 章的实例货币兑换工具为例，来说明添加图标的过程。

打开工程 ExchangeRMBToDollar，在项目文件浏览窗口中选择文件 Assets.xcassets，在中间栏中选择 AppIcon 条目，即打开了应用图标设置窗口。Assets.xcassets 是系统自动生成的项目图片资源文件夹，可以在工程文件夹下找到这个目录。系统中要用到的图片文件都可以添加到该文件夹下。Assets.xcassets 中的子文件夹 AppIcon 是由系统自动创建的，用来存放应用图标。如图 9-30 所示，系统已经根据选择的运行设备 iPhone 7 自动显示了所需要的全部应用图标及规格，应用图标包括 iPhone Notification（通知栏中的应用图标）、iPhone Spotlight（搜索栏中的应用图标）、iPhone Settings（系统设置中的应用图标）、iPhone App（桌面上的应用图标）。其中，20pt 的 pt 表示单位"点"，是绝对大小；px 表示像素，是相对大小；2x 表示 2 倍尺寸。例如，应用图标（iPhone App，60pt）需要两个图片分别为 2x 和 3x，则对应的图片

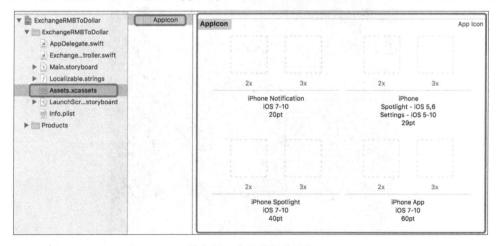

图 9-30　应用图标的规格

尺寸分别为 120px×120px 和 180px×180px。

我们已经按照这里的尺寸要求准备好了不同像素的图标，只需要打开图标所在文件夹，然后将其拖入相应的空白框中即可，如图 9-31 所示。

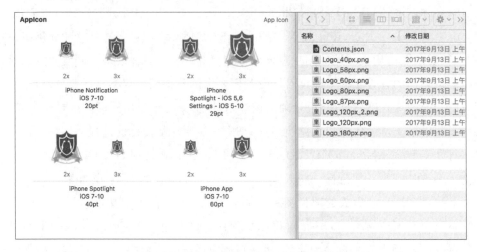

图 9-31　添加应用图标

编译并运行程序，在系统的主界面中可以看到原来空白的图标替换成了刚才设置的图片，如图 9-32 所示。

图 9-32　添加图标前后的对比

2. 添加启动画面

应用开始运行时,启动画面会首先出现,然后它会被应用的主界面所替代。启动画面主要是为了提升应用的响应速度,避免用户产生等待过久的感觉。苹果官方要求所有的应用都必须有一个启动画面。由于苹果设备屏幕尺寸的多样性,启动画面的尺寸要求也各不相同,如表 9-1 所示。为了解决这个问题,建议使用故事板来实现启动画面的管理,除了项目主界面的故事板以外,可以创建一个启动画面专用的故事板。在设计启动画面的时候要尽量避免使用任何文字,因为启动画面是静态的,无法进行本地化。

表 9-1 启动画面的图片规格

设 备 型 号	竖 屏 尺 寸	横 屏 尺 寸
iPhone X	1125px×2436px	2436px×1125px
iPhone 8 Plus	1242px×2208px	2208px×1242px
iPhone 8	750px×1334px	1334px×750px
iPhone 7 Plus	1242px×2208px	2208px×1242px
iPhone 7	750px×1334px	1334px×750px
iPhone 6s Plus	1242px×2208px	2208px×1242px
iPhone 6s	750px×1334px	1334px×750px
iPhone SE	640px×1136px	1136px×640px

下面为工程 ExchangeRMBToDollar 添加启动画面。启动画面用到的图片素材是 UI 设计师根据项目要求提前准备好的。在工程文件浏览窗口中发现,系统在创建的时候已经默认建立了一个空的启动画面故事板文件 LaunchScreen. storyboard。

如图 9-33 所示,选中文件 LaunchScreen. storyboard,向视图控制器中拖入一个 ImageView,并调整好尺寸。

打开图片资源文件 Assets. xcassets,在中间的文件浏览框中创建一个新的资源文件 Launch,将准备好的不同尺寸的启动图片拖入相应的空白框中,如图 9-34 所示。

如图 9-35 所示,将启动画面故事板中 ImageView 的 Image 属性设置为 Launch。

再次编译并运行程序,在应用启动进入主界面之前会出现如图 9-36 所示的启动画面,而不是原来的空白页面。

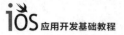

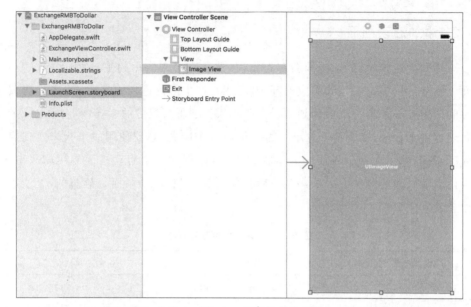

图 9-33　向 LaunchScreen 故事板中添加 ImageView

图 9-34　在图片资源文件中添加启动图片

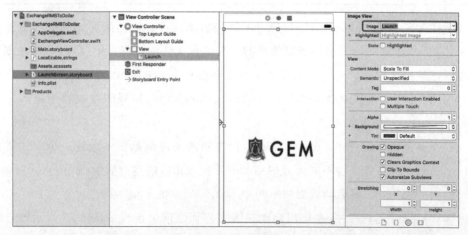

图 9-35　设置 LaunchScreen 故事板中的启动图片

图 9-36　启动画面运行情况

3．发布应用流程

完成以上工作，就可以进入最后的发布应用流程了。

1）申请开发者证书

要将应用发布到 App Store，就必须有开发者证书。开发者证书有两种：个人开发者证书和企业开发者证书。申请开发者证书可在网站 https：//developer. apple. com 上完成。打开该网站，单击 Account 即可进入登录/注册界面，如图 9-37 所示。

图 9-37　开发者登录/注册界面

如果已经有了 Apple ID,可以直接登录;如果还没有,需要先注册 Apple ID。我们使用已有的 Apple ID 登录进入,如图 9-38 所示。在该界面上可以按照系统的提示,一步步完成开发者证书的申请,并交纳一年的 license 授权费。苹果公司审核通过后,会发邮件到用户注册时填写的邮箱,然后用户就可以使用了。

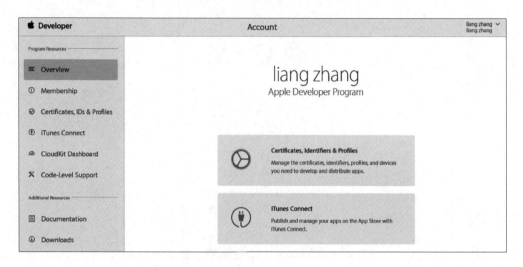

图 9-38 开发者管理中心

2) 创建描述文件

描述文件(provisioning profile)是应用在设备上编译时使用的。有两种描述文件,分别为开发描述文件和发布描述文件。在开发者管理中心可以找到描述文件标签,如图 9-39 所示。在此页面上,可以为开发和发布分别创建描述文件,具体操作可根据系统提示一步步完成。

3) 设置产品的标识和部署信息

如图 9-40 所示,有了开发者证书和描述文件后,需要在项目的签名信息中指定相应开发者 ID,并导入描述文件。另外,还需要指定本次产品发布的标识,包括 App 显示的名字、包标识符、版本号等。最后,要根据实际的部署目标设备来设置部署信息。完成设置以后,重新进行编译,然后就可以向 App Store 提交应用了。

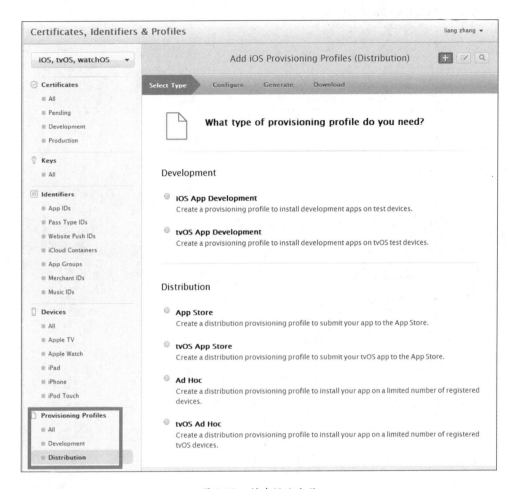

图 9-39　创建描述文件

4）应用提交

提交应用时，需要使用 Apple ID 登录网站 https://itunesconnect.apple.com，登录后如图 9-41 所示。单击"我的 App"，按照系统提示一步步完成操作即可完成应用的提交。提交应用后，要等待苹果公司审核；如果审核不通过，苹果公司会反馈意见；如果审核通过，就可以在 App Store 上线了。

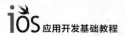

▼ **Identity**

Display Name	ExchangeRMBToDollar
Bundle Identifier	cn.edu.buaa.cs.ExchangeRMBToDollar
Version	1.0
Build	1

▼ **Signing**

☑ Automatically manage signing
Xcode will create and update profiles, app IDs, and certificates.

Team	liang zhang ⇕
Provisioning Profile	Xcode Managed Profile ⓘ
Signing Certificate	iPhone Developer: liang zhang (45E98WBW52)

▼ **Deployment Info**

Deployment Target	10.3 ⌄
Devices	iPhone ⇕
Main Interface	Main ⌄
Device Orientation	☑ Portrait
	☐ Upside Down
	☑ Landscape Left
	☑ Landscape Right
Status Bar Style	Default ⇕
	☐ Hide status bar
	☐ Requires full screen

图 9-40 设置产品的标识和部署信息

图 9-41 在 Itunes Connect 网站上提交应用